# 自动控制原理
## 实验与实践

主　编　王素青
副主编　沈莉丽 侯瑞

U0362155

清华大学出版社

北京

## 内 容 简 介

本书是"自动控制原理"理论课程的配套实验和实践教材,以"自动控制原理"课程的理论教学大纲为基础,结合现代先进的实验教学方法,精心设计了 8 个基础性实验和 4 个综合系统设计项目,较全面地涵盖了经典控制理论知识的重点和难点。本书共分 8 章:第 1 章为 MATLAB 与 Simulink 基础,主要从应用角度介绍 MATLAB 软件以及 Simulink 建模仿真的方法;第 2~5 章分别介绍线性系统的时域分析法、根轨迹法、频域分析法和校正的理论知识,每章均附有多个应用 MATLAB 软件技术解决自动控制理论问题的具体实例;第 6 章为基础性实验,精选的 8 个实验项目内容涵盖了多个知识点;第 7 章为综合系统设计,包括直流电机闭环调速系统、步进电机调速系统、温度闭环控制系统以及直线一级倒立摆控制系统;第 8 章为实验平台,对硬件实验平台和软件实验环境进行介绍。

本书可作为高等学校自动化、电气工程及其自动化、测控技术与仪器等专业"自动控制原理"课程的实验与实践教材,也可供设计开发自动控制系统的工程技术人员学习和参考。

**图书在版编目(CIP)数据**

自动控制原理实验与实践/王素青主编.—北京:清华大学出版社,2021.8(2024.7重印)
ISBN 978-7-302-58186-4

Ⅰ.①自… Ⅱ.①王… Ⅲ.①自动控制理论 Ⅳ.①TP13

中国版本图书馆 CIP 数据核字(2021)第 094588 号

责任编辑:王 欣 赵从棉
封面设计:常雪影
责任校对:赵丽敏
责任印制:刘 菲

出版发行:清华大学出版社
   网  址:https://www.tup.com.cn,https://www.wqxuetang.com
   地  址:北京清华大学学研大厦 A 座   邮  编:100084
   社 总 机:010-83470000   邮  购:010-62786544
   投稿与读者服务:010-62776969,c-service@tup.tsinghua.edu.cn
   质量反馈:010-62772015,zhiliang@tup.tsinghua.edu.cn
印 装 者:三河市龙大印装有限公司
经  销:全国新华书店
开  本:185mm×260mm  印 张:12    字  数:293 千字
版  次:2021 年 9 月第 1 版      印  次:2024 年 7 月第 3 次印刷
定  价:45.00 元

产品编号:092312-01

# 前 言

"自动控制原理"是一门理论性和实践性都很强的专业基础课,是自动化、电气工程及其自动化、测控技术与仪器等工科类专业的必修课程。加强实验教学,不仅有助于理论联系实际,深化理论教学,而且有助于培养学生的科学实验和工程实践能力。本书旨在通过实验与实践巩固和加深学生对自动控制原理中的基础理论和基本概念的理解,应用基础知识解决实际问题的能力,培养学生的综合应用能力和创新能力。

本书是"自动控制原理"理论课程的配套实验和实践教材,也是"自动控制原理实验"课程所用教材,是以"自动控制原理"课程的理论教学大纲为基础,结合现代先进的实验教学方法,精心设计了 8 个基础性实验和 4 个综合系统设计项目,较全面地涵盖了经典控制理论知识的重点和难点。

MATLAB(Matrix Laboratory,即"矩阵实验室")是一套高性能的数值计算和可视化软件,集数值分析、矩阵运算、信号处理和图形显示于一体,构成了一个界面友好的用户环境。MATLAB 已经成为国际、国内控制领域内最流行的、被广泛应用的控制系统计算、仿真与计算机辅助设计的软件。Simulink 是基于 MATLAB 的框图设计环境,可以用来对各种动态系统进行建模、仿真和分析。

本书共分 8 章:第 1 章介绍 MATLAB 与 Simulink 的基础知识,并用实例来介绍软件和工具箱的具体使用方法;第 2~5 章按照自动控制原理知识体系分别介绍线性系统的时域分析法、根轨迹法、频域分析法和校正的理论知识,每章均附有多个实例,介绍如何用MATLAB 软件技术来解决自动控制理论中具体问题的方法;第 6 章为基础性实验,精选的8 个实验项目内容涵盖了多个知识点,每个实验项目都包含实验目的、实验原理、实验内容与要求、实验步骤、实验仪器与设备、预习要求和实验报告要求等;第 7 章为综合系统设计,包括直流电机闭环调速系统、步进电机调速系统、温度闭环控制系统以及直线一级倒立摆控制系统,这 4 个综合系统设计项目均是工程中经典的,要求学生能够利用自动控制原理理论知识解决实际控制系统中的问题,其中,直流电机闭环调速系统项目中还要求学生掌握 PID控制原理及 PID 控制参数的工程整定方法;第 8 章为实验平台,对硬件实验平台和软件实验环境进行介绍。

本书设计的 8 个实验项目和 4 个综合系统设计项目,均是通过多年来的实践教学经验而精心选择的,自编讲义已使用 9 年,根据学生在实验过程中出现的一些问题,对自编讲义的内容不断进行修改,最终编写成本教材。本书的实验内容不仅在教学上具有典型性和代表性,而且在实验技术上具有实践性和应用性。实验项目既有硬件实验,又有软件仿真实验。硬件实验是要求学生在实验平台上自行搭建模拟系统来分析验证系统特性,通过一系列项目设计要求完成控制系统设计实验。软件仿真实验是利用 MATLAB 软件或 Simulink工具箱来对控制系统进行分析和设计,不仅能帮助学生理解自动控制原理理论课的理论知识,还能帮助学生方便快速地对系统进行分析和设计。

　　本书共分 8 章。第 1 章和第 3 章的 3.1～3.3 节由沈莉丽编写。第 2 章的 2.2～2.7 节、第 4 章和第 5 章由侯瑞编写。第 6 章、第 7 章的 7.1 节、7.2 节、7.4 节和第 8 章由王素青编写。第 2 章的 2.1 节由魏芬编写。第 7 章的 7.3 节由苏琳编写。第 3 章的 3.4 节由王孝平编写。全书由王素青统稿。

　　本书在编写过程中得到了许多专家和老师的大力支持与帮助,他们对教材的编写提出了宝贵的意见,在此表示衷心的感谢。

　　由于编者水平有限,时间仓促,书中的错误及不足之处在所难免,恳请读者批评指正。

编　者

2021 年 3 月

目 录

# MATLAB 与 Simulink 基础

## 1.1 MATLAB 基础

### 1.1.1 MATLAB 概述

MATLAB(matrix laboratory,矩阵实验室)是 MathWorks 公司开发的、目前国际上最流行、应用最广泛的科学与工程计算软件。

MATLAB 具有强大的矩阵计算功能和良好的图形可视化功能,为用户提供了非常直观简洁的程序开发环境,被誉为"巨人肩上的工具",在信号处理、图像处理、控制系统辨识、模糊控制以及神经网络等学科领域都有广泛的发展。

MATLAB 提供了很多专用的工具箱,如控制系统工具箱(control system tool-box)、信号处理工具箱(signal processing toolbox)等。控制系统工具箱主要是运用经典控制理论处理线性时不变(linear time-invariant,LTI)系统的函数集合,为 LTI 定常系统的建模、分析和设计提供了完整的解决方案。另一个框图式操作界面工具——单输入/单输出(single-input/single-output,SISO)系统设计工具,可用于单输入/单输出反馈控制系统的补偿器校正设计。

MATLAB 还有一个重要的软件包就是动态仿真集成环境 Simulink。Simulink 与用户的交互接口基于 Windows 模型化图形输入,使得用户可以把更多的精力投入系统模型的构建上,而非语言的编程上。所谓模型化图形输入是指 Simulink 提供了一些按功能分类的基本的系统模块,用户只需要知道这些模块的输入/输出及模块的功能,而不必研究模块内部是如何实现的。通过对这些基本模块的调用,再将它们连接起来就可以构成所需要的系统模型,然后进行仿真分析与设计。

MATLAB 集科学与工程计算、图形可视化、图像处理、多媒体处理于一体,并提供了 Windows 图形界面设计方法。MATLAB 语言有以下特点。

#### 1. 功能强大

MATLAB 语言的功能强大体现在以下两个方面。

1) 强大的科学运算功能

MATLAB 是以复数矩阵为基本编程单元的程序设计语言,其强大的运算功能使其成为世界顶尖的数学应用软件之一。

MATLAB 的数值运算要素不是单个数据,而是矩阵,每个变量代表一个矩阵,矩阵有 $m \times n$ 个元素,每个元素都可视为复数,所有的运算包括加、减、乘、除和函数运算等都对矩阵和复数有效;另外,通过 MATLAB 的符号工具箱,可以解决在数学、应用科学和工程计算领域中常常遇到的符号计算问题。

　　2) 功能强大的模块工具箱

　　MATLAB 对很多专门的领域都提供了功能强大的模块工具箱,一般来讲,它们都是由特定领域的专家开发的,用户可以直接使用工具箱,而不需要自己编写代码,例如数据采集、概率统计、优化算法、神经网络、小波分析、模型预测、电力系统仿真等,都在工具箱家族中有自己的一席之地,使 MATLAB 适用于不同领域。

### 2. 人机界面友好,编程效率高

　　MATLAB 的语言规则与笔算式相似,矩阵的行列数无须定义,MATLAB 的命令表达式与标准的数学表达式非常相近,易写、易读并易于交流。

　　MATLAB 是以解释方式工作的,即它对每条语句进行解释后立即执行,输入算式后无须编译立即得到结果,若有错误也立即做出反应,便于编程者立即改正,减轻了编程和调试的工作量,提高了编程效率。

### 3. 强大而智能化的图形处理功能

　　MATLAB 自出现以来,就具有方便的数据可视化功能,能将向量和矩阵用图形表现出来,并且可以对图形进行标注和打印。高层次的作图包括二维和三维的可视化、图像处理、动画和表达式作图。

　　MATLAB 还可以方便地将工程计算的结果可视化,使原始数据的关系更加清晰明了,并揭示数据间的内在联系。

### 4. 可扩展性强

　　MATLAB 软件包括基本部分和工具箱两大部分,具有良好的可扩展性。MATLAB 的函数可以直接编辑和修改,MATLAB 的工具箱可以任意增减。

　　MATLAB 允许用户编写可以和 MATLAB 进行交互的 C 或 C++ 语言程序。另外,MATLAB 网页服务程序还允许在 Web 应用中使用自己的 MATLAB 数学和图形程序。

### 5. Simulink 动态仿真功能

　　MATLAB 的 Simulink 提供了动态仿真的功能,用户通过绘制框图模拟线性、非线性、连续或离散的系统,通过 Simulink 能够仿真并分析该系统。

## 1.1.2　MATLAB 环境

　　MATLAB 既是一种高级计算机语言,又是一个编程环境。MATLAB 的系统界面,通常是指这个软件系统所具有的各种界面里的诸多菜单命令、工具栏按钮与对话框。通过对其进行操作,可以运行并管理系统,生成、编辑与运行程序,管理变量与工作空间,输入/输出数据与相关信息以及生成与管理 M 文件等。

### 1．MATLAB 的运行界面

1）MATLAB 的启动方法

当 MATLAB 安装完成后，在桌面上创建一个 MATLAB 的快捷图标。双击该图标就可以打开 MATLAB 的工作界面；也可以通过打开"开始"菜单的"程序"选项选择 MATLAB 的程序选项来打开；还可以在 MATLAB 的安装路径中找到可执行文件 Matlab.exe 来启动 MATLAB。

MATLAB 启动后的操作界面如图 1.1.1 所示。

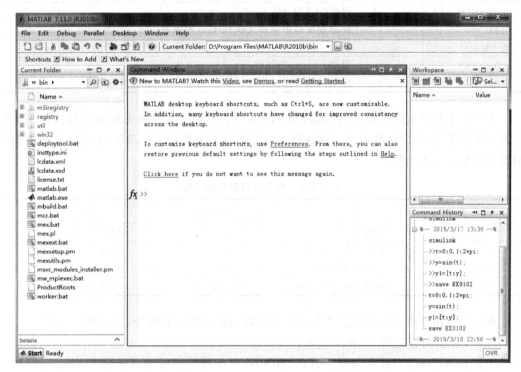

图 1.1.1　MATLAB R2010b 界面

2）MATLAB 操作界面

图 1.1.1 所示的是默认设置情况下的 MATLAB 操作界面，主要由菜单、工具栏、命令窗口、工作空间管理窗口、命令历史窗口和当前目录窗口组成，它们可重叠在一起，也可独立分离，可根据用户需求调节窗口大小。

（1）菜单和工具栏

MATLAB 的菜单和工具栏界面与 Windows 程序的界面类似，只要稍加实践就可以掌握其功能和使用方法。

（2）命令窗口（Command Window）

MATLAB 命令窗口是用来接收 MATLAB 命令的窗口。在命令窗口中直接输入命令，可以实现显示、清除、储存、调出、管理、计算和绘图等功能。MATLAB 命令窗口中的符号"≫"为运算提示符，表示 MATLAB 处于准备状态。当在提示符后输入一段程序或一段运算式后按回车键，MATLAB 会给出计算结果并将其保存在工作空间管理窗口中，然后再次进入准备状态。

在命令窗口中实现管理功能的常用命令如表 1.1.1 所示。

表 1.1.1　命令窗口常用命令

| 命　　令 | 含　　义 |
| --- | --- |
| cd | 显示当前工作目录 |
| dir | 显示当前工作目录或指定目录下的文件 |
| clc | 清除命令窗口中的所有内容 |
| clf | 清除图形窗口 |
| quit(exit) | 退出 MATLAB |
| type test | 在命令窗口中显示文件 test. m 的内容 |
| delete test | 删除文件 test. m |
| which test | 显示 test. m 的目录 |
| what | 显示当前目录或指定目录下的 M、MAT、MEX 文件 |

为了便于对输入的内容进行编辑,MATLAB 提供了一些控制光标位置和进行简单编辑的常用操作键,掌握这些命令可以在输入命令的过程中起到事半功倍的效果,命令窗口常用操作键如表 1.1.2 所示。

表 1.1.2　命令窗口常用操作键

| 操作键 | 含　　义 | 操作键 | 含　　义 |
| --- | --- | --- | --- |
| ↑ | 调用上一行 | ↓ | 调用下一行 |
| ← | 光标左移一个字符 | → | 光标右移一个字符 |
| home | 光标置于当前行首 | end | 光标置于当前行尾 |
| del | 删除光标处的字符 | backspace | 删除光标前的字符 |

在以上操作键中,反复使用"↑",可以调出以前输入的所有命令,进行修改、计算。

（3）工作空间管理窗口（Workspace）

工作空间管理窗口显示当前 MATLAB 的内存中使用的所有变量的变量名、变量的大小和变量的数据结构等信息,数据结构不同的变量对应着不同的图标。

在命令窗口中,实现变量的显示、清除、储存和调出的命令如表 1.1.3 所示。

表 1.1.3　命令窗口中实现变量控制的命令

| 命　　令 | 含　　义 |
| --- | --- |
| who | 显示当前工作空间中的所有变量名 |
| whos | 显示当前工作空间中的所有变量的变量名、变量的大小和数据类型 |
| whos x | 显示工作空间中的变量 x 的大小、数据类型 |
| disp(x) | 显示变量 x 的内容 |
| clear | 清除工作空间中的所有变量 |
| clear x | 清除工作空间中的变量 x |
| save 文件名 | 把工作空间中的变量保存在当前 MATLAB 目录下产生的一个扩展名为 mat 的文件中 |
| load 文件名 | 把该 mat 文件中的变量调入到 MATLAB 的内存中 |

（4）命令历史窗口（Command History）

命令历史窗口显示所有执行过的命令。在默认设置下，该窗口会保留自 MATLAB 安装后使用过的所有命令，并表明使用的时间。利用此窗口，一方面可以查看曾经执行过的命令；另一方面，可以重复利用原来输入的命令，这只需在命令历史窗口中直接双击某个命令，就可以执行该命令。

（5）当前目录窗口（Current Folder）

当前目录窗口显示当前目录下所有文件的文件名、文件类型和最后修改时间。

## 2. MATLAB 帮助系统

MATLAB 为用户提供了非常完善的帮助系统，如在线帮助、帮助窗口以及 MATLAB 演示等。通过使用帮助菜单或在命令窗口中输入帮助命令，可以很容易地获得 MATLAB 的帮助信息，进一步学习 MATLAB。

1）命令窗口查询帮助系统

在命令窗口查询帮助系统中最常用的命令是 help。通过 help 命令，可以在命令窗口获得在线帮助。调用格式如下：

```
help       % 在命令窗口列出所有主要的基本帮助主题
help /     % 在命令窗口列出所有的运算符和特殊字符
```

在命令窗口输入"help（函数名）"，就会在命令窗口中列出该函数的 M 文件的描述及用法，这是 MATLAB 中最常用的获取帮助信息的方式，例如：

```
>> help sqrt
SQRT    Square root.
SQRT(X) is the square root of the elements of X. Complex results are produced if X is not
positive.
See also sqrtm.
Overloaded functions or methods (ones with the same name in other directories)
help sym/sqrt.m
Reference page in Help browser
doc sqrt
```

2）联机帮助系统

单击 MATLAB 操作界面窗口的"?"按钮或选定"Help"菜单的前 4 项中的任意一项或在命令窗口中执行 helpwin、helpdesk 或 doc 命令都可以运行帮助窗口，进入 MATLAB 的联机帮助系统。

帮助向导页面包含四个页面，分别是帮助主题（Contents）、帮助索引（Index）、查询帮助（Search）以及演示帮助（Demos）。如果知道需要查询的内容的关键字，一般可以选择 Index 或 Search 模式来查询；只知道需要查询的内容所属的主题或只是想进一步了解和学习某一主题，一般可以选择 Contents 或 Demos 模式来查询。

3）联机演示系统

选择 MATLAB 主窗口菜单的"Help"→"Demos"选项或在命令窗口输入"demos"或直接在帮助页面上选择"Demos"选项都可以进入联机演示系统。通过联机演示系统，用户可以直观、快速地学习 MATLAB 某个工具箱的使用方法，它是有关的参考书籍所不能替代的。

### 1.1.3　MATLAB 数值运算

#### 1. 变量

变量是任何程序设计语言的基本要素之一,MATLAB 语言当然也不例外。与一般常规的程序设计语言不同的是,MATLAB 语言并不要求对所使用的变量进行事先声明,也不需要指定变量类型,它会自动根据赋予变量的值或对变量进行的操作来确定变量的类型并为其分配内存空间。在赋值过程中,如果变量已存在,MATLAB 将使用新值代替旧值,并以新的变量类型代替旧的变量类型。

MATLAB 中变量的命名规则是:

(1) 变量名区分大小写;

(2) 变量名的长度不超过 31 位,第 31 个字符之后的字符将被忽略;

(3) 变量名必须以字母开头,之后可以是任意字母、数字或下划线,变量名中不允许使用标点符号。

MATLAB 中有一些预定义的变量,这些特殊的变量称为常量。如表 1.1.4 所示。

表 1.1.4　MATLAB 语言中的常量

| 常量名 | 常量值 | 常量名 | 常量值 |
|---|---|---|---|
| i, j | 虚数单位 | realmin | 最小可用正实数 |
| pi | 圆周率 | realmax | 最大可用正实数 |
| eps | 计算机的最小浮点数 | inf | 正无穷大,如 1/0 |
| NaN | Not-a-Number,非数,特指 0/0 | flops | 浮点运算数 |

在 MATLAB 语言中,定义变量时应避免与常量名相同,以免改变常量的值。

与其他程序设计语言相同,MATLAB 语言中也存在变量作用域的问题。在未特殊说明的情况下,MATLAB 语言将所识别的一切变量视为局部变量,即仅在其调用的函数内有效。若要定义全局变量,应对变量进行声明,即在该变量前加关键字 global。

#### 2. 数据运算

数学运算符号:"+"加法运算;"−"减法运算;" * "乘法运算;". * "点乘运算;"/"右除运算;"\"左除运算;". /"点右除运算;". \"点左除运算;"^"乘幂运算。

MATLAB 中标点符号的含义是:

(1) 在命令窗口中输入一个 MATLAB 语句(语句的一般形式为:变量＝表达式),如果语句后为逗号或无标点符号,则在命令窗口中显示该语句的计算结果;如果语句后为分号,MATLAB 只进行计算,不在命令窗口中显示计算结果。如果要查看计算结果,只需要在命令窗口中输入变量名按回车键或打开工作空间双击选中的变量即可。

(2) 在 MATLAB 的命令窗口中输入一个表达式或利用 MATLAB 进行编程时,如果表达式太长,可以用续行符号"…"将其延续到下一行。

(3) 编写 MATLAB 程序时,通常利用符号"％"对程序或其中的语句进行注释。

MATLAB 中常用的数学函数如表 1.1.5 所示。

表 1.1.5　MATLAB 中常用的数学函数

| 函数名 | 功　能 | 函数名 | 功　能 |
|---|---|---|---|
| abs(x) | 绝对值或向量的模值 | exp(x) | 指数函数 $e^x$ |
| angle(z) | 复数 z 的相角 | log(x) | 自然对数 |
| sqrt(x) | 开平方 | log10(x) | 以 10 为底的对数 |
| real(z) | 复数 z 的实部 | conj(z) | 复数 z 的共轭复数 |
| image(z) | 复数 z 的虚部 | sign(x) | 符号函数 |
| sin(x) | 正弦函数 | asin(x) | 反正弦函数 |
| cos(x) | 余弦函数 | acos(x) | 反余弦函数 |
| tan(x) | 正切函数 | atan(x) | 反正切函数 |

### 3. 向量运算

1) 向量生成

向量包括行向量和列向量。在 MATLAB 中,向量是这么表示的:用左方括号"["开始,以空格或逗号为间隔输入元素值,最后以右方括号"]"结束,生成的向量是行向量。列向量也是以左方括号开始,右方括号结束的,不过元素值之间使用分号或者回车键分隔。除了直接输入外,还有以下三种生成方法生成行向量。列向量可以通过对行向量的转置运算得到。

（1）冒号法

格式为:x＝a:b:c,这里生成的向量 x 是以 a 为初值、c 为终值、b 为公差的等差数列构成的行向量。冒号表示直接定义向量元素之间的增量,而不是向量元素的个数,若增量为 1 (即 b＝1),上面的格式可简写为:x＝a:c。

**例 1.1.1**

```
>> x = 0:0.5:2.5
x =  0    0.5000    1.0000    1.5000    2.0000    2.5000
```

（2）函数 linspace

调用格式:linspace(first_value,last_value,number)

其功能是生成一个初值为 first_value、终值为 last_value、元素个数为 number 的等差数列构造的行向量。由此可知,linspace 是通过直接定义元素个数,而不是元素之间的增量来创建向量的。

**例 1.1.2**

```
>> x = linspace(0,5,8)
x =  0    0.7143    1.4286    2.1429    2.8571    3.5714    4.2857    5.0000
```

（3）函数 logspace

调用格式:logspace(first_value,last_value,number)

该格式表示构造一个初值为 $10^{first\_value}$、终值为 $10^{last\_value}$、元素个数为 number 的行向量。logspace 函数功能相当于对 linspace 函数产生的向量取以 10 为底的指数。

2) 向量的运算

（1）向量与标量的四则运算：向量与标量之间的四则运算是指向量中的每个元素分别与标量进行加减乘除运算。

（2）向量间的运算：向量间的加减运算中，参与运算的向量必须具有相同的维数。乘除运算中，对于点乘".＊"".\\"，参与运算的向量必须具有相同的维数，点乘或者点除为向量对应的元素相乘或相除；乘"＊"、除"\\"必须满足线性代数中所学的矩阵相乘或相除的条件。

（3）幂运算：向量的幂运符为".^"，为元素对元素的幂运算。

3) 向量元素的引用

向量元素的下标是从 1 开始的，对元素的引用格式为：变量名（下标）。此外，计算向量元素个数、最大值、最小值的函数分别为 length、max、min。

### 4. 数组运算

1) 数组的建立

（1）直接输入数组

建立数组最直接的方法是在命令窗口中直接输入数组。数组元素需要用方括号"[ ]"括起来，元素之间可以用空格、逗号或分号分隔。需要注意的是，用空格和逗号分隔建立行数组，元素之间全部用分号分隔建立列数组。

（2）利用冒号表达式建立数组

利用冒号表达式建立等差数组，此时不用方括号"[ ]"。它的基本形式为 x＝x1:step:x2，其中 x1、step、x2 分别为给定数值，x1 表示数组的首元素数值，step 表示步长，即从第二个元素开始，后一个元素与前一个元素之间的差值，x2 表示数组尾元素数值限。注意：x2 并非尾元素数值，当 x2－x1 为 step 的整数倍时，x2 才是尾元素数值。

2) 数组元素的调用

（1）调用数组的一个元素：数组的元素可以通过下标调用，如 x(i) 表示数组 x 的第 i 个元素。

（2）调用数组的部分元素：x(a:b:c) 表示调用数组 x 的从第 a 个元素开始、以 b 为步长、到第 c 个元素的这部分元素，b 可以为负数，b 缺省时为 1。

（3）直接使用元素序号调用数组元素：x([a b c d]) 表示调用数组 x 的第 a、b、c、d 个元素构成一个新数组[x(a) x(b) x(c) x(d)]。

3) 数组的运算

（1）数组对标量的加、减、乘、除、乘方是数组的每个元素对该标量进行相应的加、减、乘、除、乘方运算。

（2）两个相同维数的数组进行加、减、乘、除、幂运算，可按元素对元素的方式进行，不同大小或维数的数组不能进行运算。

（3）两个相同维数的数组的点积由 dot 函数实现，调用格式：dot(a,b)。

（4）两个三维数组之间的向量积由 cross 函数实现，调用格式：cross(a,b)。其中 a、b 必须是三个元素的向量。

#### 5. 矩阵运算

由于 MATLAB 的数值计算功能都是以（复）矩阵为基本单元进行的，因此，MATLAB 中矩阵的运算可谓最全面、最强大。

1）矩阵的建立

（1）直接输入小矩阵

在键盘上直接输入矩阵是最方便、最常用和最好的建立数值矩阵的方法，尤其适合较小的简单矩阵。用此方法建立矩阵时，应当注意以下几点：

① 输入矩阵以"[ ]"为其标识，即矩阵的元素应在"[ ]"的内部，此时 MATLAB 才将其识别为矩阵，如：a＝[1,2,3; 1,1,1; 4,5,6]；

② 矩阵的同行元素之间可由空格或逗号分隔，行与行之间用分号或回车符分隔；

③ 矩阵大小可不预先定义；

④ 若不想获得中间结果，在"[ ]"后可用分号结束；

⑤ 无任何元素的空矩阵也合法；

⑥ 矩阵元素可以为运算表达式，如 b＝[sin(pi/3), cos(pi/4); log(9), tanh(6)]。

（2）使用 MATLAB 提供的矩阵编辑器输入和修改矩阵

当矩阵很大、不适合在命令窗口直接输入时，可以使用 MATLAB 提供的矩阵编辑器来完成矩阵的输入和修改。在使用矩阵编辑器时，必须首先在命令窗口中预先定义一个变量，这个变量可以是数或简单的矩阵。例如在命令窗口中输入 A＝1，打开工作空间窗口，选中变量 A 双击，就可以打开矩阵 A 的编辑器，通过添加或修改原来的元素，从而建立起需要的矩阵。

（3）通过 M 文件建立大矩阵

当矩阵的规模比较大时，直接输入法就显得笨拙，出现差错也不易修改。为了解决此问题，可以通过 M 文件输入矩阵。M 文件是一种可以在 MATLAB 环境中运行的文本文件，分为命令文件和函数文件两种。这里是用命令 M 文件来建立大型矩阵。从菜单栏的"File"中选择"New"，再选择"M-file"命令，打开 MATLAB Editor 窗口，按格式把所要输入的矩阵写入一文本文件中，并将此文件以 m 为扩展名，即为 M 文件。在 MATLAB 命令窗口中输入此 M 文件名，运行后则把 M 文件中的大型矩阵输入 MATLAB 的内存中。

（4）利用矩阵函数建立矩阵

可以用 MATLAB 的函数来建立全零矩阵，全 1 矩阵，单位矩阵，均匀分布（标准正态分布）随机矩阵，对角矩阵和上、下三角矩阵等特殊矩阵。

2）矩阵元素的调用

矩阵元素的调用包括利用矩阵的全下标来调用矩阵的元素和利用矩阵的单下标来调用矩阵的元素两种方式。

（1）利用矩阵的全下标来调用矩阵的元素

若 A 是一个二维矩阵，可以用 A(i,j) 来调用矩阵 A 的第 i 行第 j 列的元素，A(i,:) 是调用矩阵 A 的第 i 行，A(:,j) 是调用矩阵 A 的第 j 列，A([1,3],[2,4]) 得到由矩阵 A 的第 1、3 行和第 2、4 列交叉处元素所构成的矩阵。

（2）利用矩阵的单下标来调用矩阵的元素

通过单下标来调用矩阵的元素的格式为 A(k)。在 MATLAB 中，矩阵是按列优先排列的一个长列向量格式来存储的,例如 A=[2,6,9;4,2,8;3,0,1]。在 MATLAB 中是被存储成以 2、4、3、6、2、0、9、8、1 排列的一个列向量。矩阵 A 的第 3 行第 2 列,也就是值为 0 的元素在存储空间上是第六个元素。可以用 A(6)调用这个元素,这就是单下标调用矩阵元素的方法。命令 B=A(:)得到 B=[2;4;3;6;2;0;9;8;1]。

3) 矩阵的运算

(1) 矩阵与标量的运算:与数组与标量的运算类似。

(2) 两个矩阵元素之间的运算:与两个数组元素之间的运算类似。

(3) 矩阵的加、减法:A±B。

(4) 矩阵的乘法:A * B。

(5) 矩阵的除法:矩阵除法有左除"\"和右除"/"两种。方程 AX=B 的解用 X=A\B 表示,方程 XA=B 的解用 X=B/A 表示。

(6) 方阵的逆运算:inv(A)。

(7) 方阵的行列式:det(A)。

(8) 方阵的乘方运算 A^p:当 p 为正整数时,A^p 表示矩阵 A 自乘 p 次;当 p 为负整数时,A^p 表示矩阵 $A^{-1}$ 自乘|p|次,此时要求 A 可逆;当 p 为 0 时,A^0 等于与 A 同维的单位阵。

## 6. 多项式运算

MATLAB 以行向量表示多项式由大到小的幂次方的多项式系数,这样就把多项式的问题转化为向量的问题。

1) 多项式的建立

(1) 由系数向量建立多项式:在 MATLAB 中,由于多项式是以向量形式储存的,因此建立多项式的最简单的方法是直接输入向量,MATLAB 自动将向量元素按降幂顺序分配给多项式的各系数值,向量可以是行向量,也可以是列向量。

(2) 特征多项式的建立:矩阵的特征多项式由函数 poly 实现。

(3) 由多项式的根建立多项式:由给定的根建立相应的多项式也由函数 poly 实现。

2) 多项式的运算

(1) 求多项式的值

求多项式的值是以数组为计算单元,计算函数是 polyval,调用格式为:y=polyval(p, x)。其中 p 为行向量形式的多项式,x 为代入多项式的值,它可以是标量、向量、矩阵。如果 x 是向量或者矩阵,该函数将对向量或者矩阵的每一个元素计算多项式的值。

**例 1.1.3**

```
>> p=[1,11,55,125];x=[1,1;2,2];
>> a=polyval(p,x)
```

(2) 求多项式的根

可以直接调用 MATLAB 的函数 roots 求多项式的所有根。

**例 1.1.4** 求解方程 $2x^4-5x^3+6x^2-x+9=0$ 的所有根。

```
>> p=[2 -5 6 -1 9];
```

```
>> roots(p)
```

（3）多项式的乘除法运算

多项式的乘法由函数 conv 实现，多项式的除法由函数 deconv 来实现。

**例 1.1.5**

```
>> p1 = [2  -5 6  -1 9]; p2 = [3  -9 0  -18 ];
>> p = conv(p1,p2) % 多项式乘法
>>[q,r] = deconv(p1,p2) % 多项式除法
```

（4）多项式的微分

函数 polyder 可以实现多项式的微分计算。

## 1.1.4　MATLAB 符号运算

MATLAB 的符号运算是通过集成的符号数学工具箱来实现的，符号数学工具箱使用字符串来进行符号分析与运算。

### 1. 符号表达式的生成

符号表达式是代表数字、函数和变量的字符串或字符串数组，它不要求变量要有预先确定的值。符号表达式可以是符号函数或符号方程。其中符号函数没有等号，而符号方程必须带有等号。MATLAB 在内部把符号表达式表示成字符串，与数字相区别。创建符号表达式的方法有以下两种。

1）用单引号生成

在 MATLAB 中，所有的字符串都用单引号来设定输入或输出，所以，符号表达式可用单引号生成。

**例 1.1.6**　符号表达式。

```
>> a = 'abs(x)'
a = abs(x)
```

**例 1.1.7**　符号函数。

```
>> f = 'a * 2 + b * 4 + c'
f = a * 2 + b * 4 + c
```

2）用函数 sym 生成

sym 函数的调用格式：sym('字符串')。

**例 1.1.8**　用函数 sym 生成符号方程。

```
>>  f = sym('a * 2 + b * 4 + c')
f = 2 * a + 4 * b + c
```

### 2. 符号运算

1）符号表达式的基本运算

符号表达式的加减乘除四则运算及幂运算等基本的代数运算，与矩阵的数值运算几乎

完全一样。加减乘除运算可分别用函数 symadd、symsub、symmul、symdiv，当然也可用"＋""－""＊""\"；幂运算用函数 sympow 或者"^"来实现。

2）提取分子分母运算

如果符号表达式为有理分式形式或可展开为有理分式形式，则可通过函数 numden 来提取符号表达式中的分子与分母。函数 numden 的调用格式如下：

```
[num,den] = numden(a)      % 提取符号表达式 a 的分子与分母,并分别存放在 num 与 den 中
num = numden(a)            % 提取符号表达式 a 的分子与分母,但是只把分子放入 num 中
```

### 3. 符号方程的求解

1）线性代数方程的求解

线性代数方程的求解可以通过函数 solve 来实现。

调用格式为：solve('eqn1','eqn2',…,'eqnN','var1','var2',…,'varN')。其中，eqn1、eqn2 等为"代数方程"，var1、var2 等为"待求变量"，返回的是方程的解。

**例 1.1.9**    求代数方程 $x^2 + 5x + 6 = 0$ 的解。

```
>> x = solve('x^2 + 5 * x + 6 = 0')
x =
        - 3
        - 2
```

2）微分方程的求解

微分方程的求解可由函数 dsolve 来实现。

调用格式为：dsolve('S','s1','s2',…,'x')。其中，S 为方程，s1、s2 等为初始条件，x 为自变量。方程 S 中用 D 表示导数。D2、D3 表示二阶、三阶导数。

**例 1.1.10**    求 $y'' + y' + y = 1, y'(0) = 0, y(0) = 0$ 的解。

```
>> dsolve('D2y + Dy + y = 1','Dy(0) = 0','y(0) = 0','x')
ans = 1 - (3^(1/2) * sin((3^(1/2) * x)/2))/(3 * exp(x/2)) - cos((3^(1/2) * x)/2)/exp(x/2)
```

## 1.1.5    MATLAB 图形处理

MATLAB 不但擅长矩阵相关的数值运算，也擅长数据的可视化。MATLAB 是通过描点、连线来作图的，因此，在作二维图形和三维图形之前，必须先取得该图形上一系列点的坐标，然后利用 MATLAB 函数作图。

二维图形的绘制是 MATLAB 图形功能的基础，也是在绝大多数数值计算中广泛应用的图形绘制方式。

### 1. 基本绘图命令

1）plot 命令

绘制二维图形最常用的命令是 plot。对于不同形式的输入，该函数可以实现不同的功能。

（1）当 plot 函数仅有一个输入变量时：plot(x)。

如果 x 为实向量，则以 x 的索引坐标作为横坐标、以 x 的各元素作为纵坐标绘制图形。

如果 x 为复向量,则以 x 的实部作为横坐标、虚部作为纵坐标绘制图形。如果 x 为实数矩阵,则绘制 x 的列向量对其坐标索引的图形。

**例 1.1.11**　给单向量绘图。

```
>> x = [1,2,3,4,5,6]; plot(x)
```

将得到图 1.1.2 所示结果。

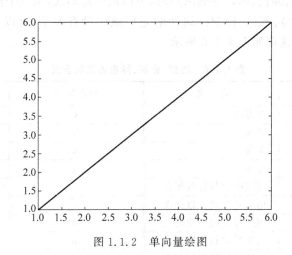

图 1.1.2　单向量绘图

（2）当 plot 函数有两个输入变量时：plot(x,y)。

当 x 和 y 为向量时,x 和 y 的维数必须相同,而且同时为行向量或同时为列向量。此时以第一个向量的分量为横坐标、第二个向量的分量为纵坐标绘制图形,这是实际应用过程中最为常用的。

**例 1.1.12**　试绘制一条正弦曲线。

```
>> x = linspace(0,2 * pi,100);
>> y = sin(x);
>> plot(x,y)
```

即定义了 100 个点的 x 坐标和对应的正弦函数关系的 y 坐标,将得到如图 1.1.3 所示结果。

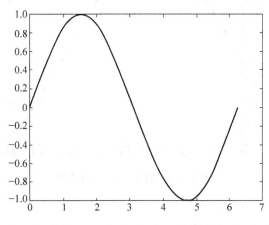

图 1.1.3　绘制一条正弦曲线

当 x 和 y 为 m * n 矩阵时,将在同一幅图中绘出 n 条不同颜色的连线。绘制规则为:以 x 矩阵的第 j 列分量作为横坐标,矩阵 y 的第 j 列分量作为纵坐标,绘得第 j 条连线。若在同一幅图中出现多条曲线,MATLAB 会自动地把不同曲线绘制成不同的颜色,以进行简单的区别。

(3) 当 plot 函数有三个输入变量时:plot(x,y, 's')。

想绘制不同线型、颜色、标识等的图形时,可以调用此形式,第三个输入变量为图形显示属性的设置选项:线型、颜色、标识。属性的先后顺序没有关系,可以只指定一个或两个,plot 绘图函数的参数选项如表 1.1.6 所示。

表 1.1.6 线型、标识、颜色各选项含义

| 线型、标识选项 | 含 义 | 颜色选项 | 含 义 |
|---|---|---|---|
| 一. | 点虚线 | y | 黄色 |
| 一一 | 虚线 | b | 蓝色 |
| 一 | 实线 | w | 白色 |
| : | 点线 | g | 绿色 |
| 。 | 用圆圈绘制各数据点 | r | 红色 |
| x | 用叉号绘制各数据点 | c | 亮青色 |
| . | 用点号绘制各数据点 | k | 黑色 |
| + | 用加号绘制各数据点 | m | 洋红色 |
| * | 用星号绘制各数据点 | | |

应用上述符号的不同组合可以为图形设置不同的线型、颜色、标识。在调用时,选项应置于单引号内,当多于一个选项时,各选项直接相连,中间不需要任何分隔符。

**例 1.1.13** 试用蓝色、点划线、星号画出正弦曲线。

```
>> x = 0:0.1:4;y = sin(x);plot(x,y,'b-.*')
```

得到的图形如图 1.1.4 所示。

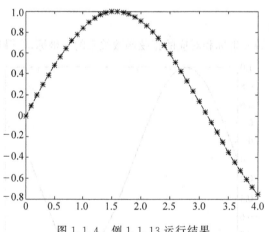

图 1.1.4 例 1.1.13 运行结果

2) fplot 命令

前面介绍的 plot 命令是根据外部输入数据或通过函数值计算得到的数据进行作图。

而在实际应用中,可能并不知道某一函数随自变量变化的趋势,此时若采用 plot 命令来绘图,则有可能会因为自变量的取值间隔不合理而使曲线图形不能反映出自变量在某些区域内函数值的变化情况。当然也可以将自变量间隔取得足够小以体现函数值随自变量变化的曲线,但这样会使数据量变大。

fplot 命令可以很好地解决这个问题。该命令通过内部的自适应算法来动态决定自变量的取值间隔,当函数值变化缓慢时,间隔取大一点;变化剧烈时,间隔取小一点。

fplot 命令的调用格式为:

```
fplot(fun, [xmin xmax ymin ymax])
```

在[xmin xmax]内画出字符串 fun 表示的函数的图形,[ymin ymax]给出了 y 的范围。

### 2. 图形处理的基本技术

除了提供强大的绘图功能外,MATLAB 语言还有极为强大的图形处理能力。下面介绍一些图形处理技术,包括图形控制、图形标注、图形保持以及子图的绘制等。

#### 1) 图形控制

MATLAB 语言中较常用的图形控制函数有坐标轴控制函数 axis、坐标轴缩放函数 zoom 和坐标网格函数 grid 等。

(1) axis 函数控制坐标轴的特征

在默认情况下 MATLAB 自动选择图形的横、纵坐标的比例,如果对这个比例不满意,可以用 axis 命令控制,常用的调用格式有:

```
axis([xmin xmax ymin ymax])      % [  ]中分别给出了 x 轴和 y 轴的最小、最大值
axis equal 或 axis('equal')       % x 轴和 y 轴单位长度相同
axis square 或 axis('square')     % 图框呈方形
axis off 或 axis('off')           % 清除坐标刻度
```

(2) zoom 函数控制坐标轴的缩放

zoom 函数可以实现对二维图形的缩放,该函数在处理局部较为密集的图形中有很大作用。常用的调用格式有:

```
zoom            % 在 zoom on 和 zoom off 之间切换
zoom on         % 允许对图形进行缩放
zoom off        % 禁止对图形进行缩放
zoom xon        % 允许 x 轴缩放
zoom yon        % 允许 y 轴缩放
zoom out        % 恢复进行的一切缩放
```

当 zoom 处于 on 状态时,可以通过鼠标进行图形缩放,单击鼠标左键将光标处的图形放大一倍;而单击鼠标右键将光标处的图形缩小 1/2;双击鼠标左键将会恢复缩放前的状态,即取消一切缩放操作。

应当注意,对图形的缩放不会影响图形的原始尺寸,也不会影响图形的横纵坐标的比例,即不会改变图形的基本结构。

(3) grid 函数控制平面图形的坐标网格

MATLAB 提供了 grid 函数用于绘制坐标网格,提高图形显示效果。grid 函数的调用

格式如下：

```
grid on                        % 在图形中绘制坐标网格
grid off                       % 取消坐标网格
```

单独的函数 grid 将实现 grid on 与 grid off 两种状态之间的转换。

2）图形标注

MATLAB 语言还提供了丰富的图形标注函数供用户自由地标注所绘制的图形。

（1）坐标轴标注和图形标题

```
xlabel                         % 为 x 坐标轴添加标注
ylabel                         % 为 y 坐标轴添加标注
title                          % 为图形添加标题
```

xlabel('标注内容','属性1', '属性值1', '属性2', '属性值2',…），属性包括标注文本的属性，包括字体大小、字体名等。

三个函数的调用结果的区别仅在于标注所处的位置不同，title 给出的标注将置于图的顶部，而 xlabel 和 ylabel 则分置于相应的坐标轴的边上。

在标注过程中经常会遇到特殊符号的输入问题，为了解决这个问题，MATLAB 语言提供了相应的字符转换，如：\alpha→$\alpha$，\beta→$\beta$，\gamma→$\gamma$，\delta→$\delta$，\epsilon→$\epsilon$，\zeta→$\zeta$，\pi→$\pi$，\omega→$\omega$，\Omega→$\Omega$ 等。

用户也可以对文本标注进行显示控制，如：\bf→黑体，\it→斜体，\rm→标准形式。

（2）文本标注

MATLAB 对图形进行文本注释所提供的函数为 text 和 gtext。

text 函数的调用格式：text(x,y, '标注文本及控制字符串')，其中(x,y)给定标注文本在图中添加的位置。

使用交互式文本输入函数 gtext，用户可以通过单击鼠标来选择文本输入的点，单击后，系统将把指定的文本输入到所选的位置上。

（3）图例标注

在对数值计算结果进行绘图时，经常会出现在同一张图形中绘制多条曲线的情况，这时可以使用 legend 命令为曲线添加图例以便于区别它们。legend 函数能够为图形中的所有曲线进行自动标注，以其输入变量作为标注文本，具体调用格式如下：

```
legend('标注1', '标注2',…)
```

标注1、标注2等分别对应绘图过程中按绘制先后顺序所生成的曲线。

**例 1.1.14**

```
>> x = 0:0.1 * pi:2 * pi; y = sin(x);   z = cos(x);
>> plot(x,y,'k - o',x,z,'k - - h')
>> legend('sin(x)', 'cos(x)')
```

得到的图形如图 1.1.5 所示。

可以用鼠标拖动图例框改变其在图中的位置。也可以在调用 legend 函数时进行简单的定位设置：legend('标注1', '标注2',…, '定位代号')。

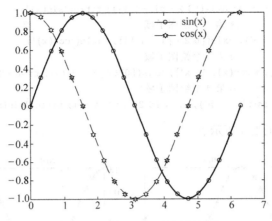

图 1.1.5　例 1.1.14 的运行结果

MATLAB 给出了六个定位代号,具体说明如下:

0:自动定位,使得图标与图形重复最少;1:置于图形的右上角(默认值);2:置于图形的左上角;3:置于图形的左下角;4:置于图形的右下角;－1:置于图形的右外侧。

关于标注位置,没有必要记住,可以通过在线帮助获得(help→legend)。

图例标注后,也可以用鼠标来调整图例标注的位置。

3) 图形保持与子图

(1) 图形保持

在绘图过程中,经常会遇到在已存在的一张图中添加新的曲线的情况,这就要求保持已存在的图形,MATLAB 语言中实现该功能的函数是 hold:

```
hold on      % 启动图形保持功能,此后绘制的图形将添加到当前的图形窗口中,并自动调整坐标轴
             的范围
hold off     % 关闭图形保持功能,新绘制图形将覆盖原图形
hold         % 在 hold on 和 hold off 之间切换
```

(2) 子图

在绘图过程中,经常需要将几个图形在同一图形窗口中表示出来,但又不在同一个坐标系中绘制,此时要用到函数 subplot。

调用格式如下:

```
subplot(m,n,p)
```

说明:将一个图形窗口分割成 m * n 个小窗口,可以通过参数 p 分别对若干子绘图区域进行操作,子绘图区域的编号为按行从左至右编号。如果 p 是一个向量,则创建一坐标轴,包含所有罗列在 p 中的小窗口。

**例 1.1.15**　在四个子图中绘制不同的三角函数图。

程序如下:

```
>> x = 0:0.1 * pi:2 * pi;
>> subplot(2,2,1)          % 第 1 个绘图子域
```

```
>> plot(x, sin(x), '- * '); axis([0 2 * pi -1 1]); title('sin(x)')
>> subplot(2,2,2)        % 第 2 个绘图子域
>> plot(x, cos(x), '- o'); axis([0 2 * pi -1 1]); title('cos(x)')
>> subplot(2,2,3)        % 第 3 个绘图子域
>> plot(x, 2 * sin(x). * cos(x), '- x'); axis([0 2 * pi -1 1]); title('2sin(x)cos(x)')
>> subplot(2,2,4)        % 第 4 个绘图子域
>> plot(x, sin(x)./cos(x), '- h'); axis([0 2 * pi -1 1]); title('sin(x)/cos(x)')
```

得到的图形如图 1.1.6 所示。

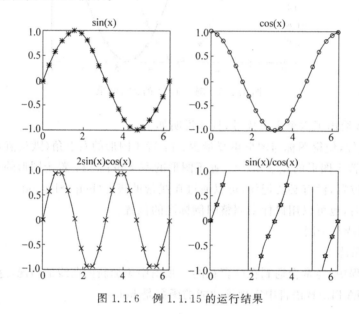

图 1.1.6 例 1.1.15 的运行结果

在子图绘制过程中,axis、hold、title、xlabel、grid 等都可以只针对某个子图进行图形设置,而不会影响到其他子图。

### 3. 特殊的二维图形函数

MATLAB 提供了一系列特殊的二维图形函数,其中包括特殊坐标系的二维图形函数以及特殊二维图形函数。

1) 极坐标图形

用 polar 函数可以画出极坐标图形,该函数有两种表达形式:

```
polar(theta, rho)            % 创建一个幅角 theta 相对于半径 rho 的极坐标图
polar(theta, rho, LineSpec)  % LineSpec 为绘出的图形指定线型、颜色和标识
```

### 例 1.1.16

```
>> x = 0:0.01 * pi:4 * pi;
>> y = sin(x/2) + x;
>> polar(x, y, 'k - ')
```

得到的图形如图 1.1.7 所示。

2）二维特殊函数图

下列函数可以绘制其他的二维特殊函数图形：area 填充绘图，bar 绘制条形图，barh 绘制水平条形图，comet 绘制彗星图，ezpolar 简单绘制极坐标图，feather 绘制矢量图，fill 多边形填充，gplot 绘制拓扑图，hist 绘制直方图，pie 绘制饼状图，rose 绘制极坐标系下的柱状图等。以上各函数均有不同的调用方法，详细内容读者可以通过 MATLAB 在线帮助获得。

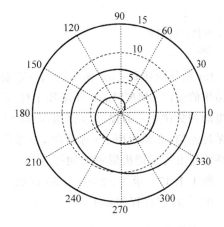

图 1.1.7　例 1.1.16 的运行结果

## 1.1.6　MATLAB 程序设计

用 MATLAB 可以像用 C 语言一样进行程序设计。所编写的程序常用一种以 m 作为文件扩展名的文件——M 文件来储存和调用。所谓的 M 文件编程，就是用户把要实现的命令写在一个以 m 作为文件扩展名的文件中，然后由 MATLAB 系统进行解释，并运行出结果。M 文件实际上仅仅是一个命令集合文本型文件。

### 1. M 文件的程序结构

M 文件的程序结构一般分为顺序结构、循环结构和分支结构三种，每种语句结构都有各自的流控制机制，相互配合使用可以实现功能强大的程序。

1）顺序结构

顺序结构是最基础的程序结构，是最遵循逻辑思路的程序代码结构，也是其他控制流语句中的重要组成部分。依次按顺序执行各条语句的程序就是顺序结构程序。顺序结构一般不含有其他子结构或者控制语句，批处理文件就是典型的顺序结构文件。

下面就是一个典型的顺序结构程序：

```
a = 1;
b = 2;
c = 3;
d = a + b + c;
f = d * c;
f
```

上述语句可保存为 a. m 文件，运行后结果为 18。

2）循环结构

一组被重复执行的语句称为循环体，每个循环语句都要有循环条件，以判断循环是否要继续下去。

（1）for 循环语句

for 循环语句的一般表达形式为：

```
for    i = 表达式
可执行语句 1
```

$\vdots$

```
可执行语句 n
end
```

for 循环应注意：for 循环语句一定要有 end 作为结束标志；循环体中的分号可防止中间结果的输出；MATLAB 并不要求循环条件中的数组是等间距的，循环次数由循环条件中数组的列数决定；为提高运算速度，应尽量提高程序的向量化程度，采用矩阵运算，避免使用循环语句，必须使用 for 循环时，在循环语句前应预先分配数组；for 循环可以多重嵌套；循环语句书写成锯齿形将增加可读性。

**例 1.1.17** 求 $1+2+\cdots+50$ 的值。

编写 M 文件程序如下：

```
x = 0;
for  i = 1:1:50      % 步长为 1,该语句也可简化成 for i = 1:50
x = x + i
end
x
```

（2）while 循环语句

while 循环语句用来控制一个或一组语句在某逻辑条件下重复预先确定或不确定的次数。

while 循环语句的一般表达形式为：

```
while    表达式
循环体语句
end
```

与 for 循环固定循环次数不同，while 循环的次数是不固定的。在 while 循环中，只要表达式的值是真，循环体就会被执行。通常表达式给出的是一个标量值，也可以是数组或矩阵，如果是后者，则要求所有的元素都必须为真。另外，while 语句的循环条件可以是一个逻辑判断语句，因此，它的适用范围更广。

**例 1.1.18** 求最小的 $n$，使 $n! > 1000$。

编写 M 文件程序如下：

```
A = 1;
n = 1;
while  A < 1000
n = n + 1;
A = A * n;
end
n
A
```

3）分支结构

MATLAB 中，分支结构语句包括 if-else-end 语句和 switch 语句。

（1）if-else-end 语句

if-else-end 语句有三种形式：

① if 表达式
执行语句
　　end
② 如果表达式的值非 0,则执行下面的语句,否则执行 end 后面的语句.
if 表达式
　执行语句 1
　　else
　执行语句 2
　　end
③ if 表达式 1
　执行语句 1
　　elseif　表达式 2
　执行语句 2
　　elseif　表达式 3
　执行语句 3
　　⋮
　　else　　（此句可以省略）
　执行语句 n
　　end

**例 1.1.19**　设 $f(x)=2x,x>1$；$f(x)=x^2+5,x\leqslant1$。求 $f(5)$、$f(0)$。

先建立 M 文件 fun1.m 定义函数,然后在 MATLAB 命令窗口中输入 fun1(5)、fun(0) 命令,即可求得具体值。

```
function   f = fun1(x)
if x > 1
f = 2 * x
else
f = x^2 + 5
end
```

（2）switch 语句

switch 语句根据表达式的值来执行相应的语句,此语句与 C 语言中的选择语句具有相同的功能,它通常用于条件较多而且较单一的情况。一般形式是:

```
switch 表达式
case   value1
语句 1
case   value2
语句 2
⋮
otherwise
语句 n
end
```

表达式是一个标量或者字符串,将表达式的值依次和各个 case 指令后面的检测值进行比较,当比较结果为真时,MATLAB 执行后面的一组命令,然后跳出 switch 结构。如果所有的结果都为假,则执行 otherwise 后的命令。当然 otherwise 指令也可以不存在。

**例 1.1.20**　根据情况判断数值大小,显示数值信息。

编写 M 文件程序如下：

```
switch input_num
    case  -1
        disp('negative one');
    case  0
        disp('zero');
    case  1
        disp('positive one');
    otherwise
        disp('other value') ;
end
```

### 2. M 文件的控制语句

在使用 MATLAB 设计程序时，经常遇到提前终止循环、跳出子程序、显示错误信息等情况，因此还需要其他的控制语句来实现。在 MATLAB 中，对应的控制语句有 continue、break、return、input 等。

1) continue 命令

在 MATLAB 中，continue 命令的功能是结束程序的循环语句，也就是跳出循环体中还没有执行的语句。其调用格式比较简单，直接在程序中写出 continue 语句就可以了。

**例 1.1.21**  使用简单实例说明 continue 命令的使用方法。

编写 M 文件程序如下：

```
for   ii = 1:9
    if   ii = 3
        continue
    end
    fprintf ('ii = % d\n', ii);
end
disp('The end of loop')
```

将代码保存为"continue_test. m"文件，在 MATLAB 的命令窗口中输入"continue_test"，然后按回车键，就可以得到对应的结果如下：

```
>> continue_test
ii = 1
ii = 2
ii = 4
ii = 5
ii = 6
ii = 7
ii = 8
ii = 9
The end of loop
```

2) break 命令

在 MATLAB 中，break 命令的功能在于终止本次循环，跳出最内层的循环，而不必等到循环的结束,而是根据条件退出循环,常常和 if 语句结合起来运用来终止循环。

**例 1.1.22**　在 MATLAB 中寻求 Fibonacci 数组中第一个大于 700 的元素以及其数组标号。

编写 M 文件程序如下:

```
n = 50; a = ones(1,n);
for  i = 3:n
    a(i) = a(i - 1) + a(i - 2);
        if  a(i) > 700
a(i)
break;
        end
end
i
```

将代码保存为"break_test. m"文件,在 MATLAB 的命令窗口中输入"break_test",然后按回车键,就可以得到对应的结果如下:

```
>> break_test
ans =
    987
i = 16
```

从上面的结果中可以看出,Fibonacci 数组中第一个大于 700 的数值是 987,其对应的数组标号为 16。

3) return 命令

在通常情况下,当被调函数执行完后,MATLAB 会自动把控制转至主调函数或者指定窗口。如果被调函数中插入 return 命令后,可以强制 MATLAB 结束执行该函数并把控制转出。

return 命令可使正在运行的函数正常退出,返回调用它的函数继续运行,经常用于函数的末尾用来正常结束函数的运行。

4) input 命令

在 MATLAB 中,input 命令的功能是将 MATLAB 的控制权暂时交给用户,然后用户通过键盘输入数值、字符串或者表达式,通过按回车键将输入的内容输入工作空间中,同时将控制权交还 MATLAB。

其常用的调用格式如下:

```
user_entry = input('prompt')      % 将用户输入的内容赋给变量 user_entry
user_entry = input('prompt','s') % 将用户输入的内容作为字符串赋给变量 user_entry
```

上面第一种调用格式,可以输入数值、字符串、元胞数组等各种形式的数据;第二种调用格式,无论输入怎样的变量,都会以字符串的形式赋值给变量。

### 3. M 文件的建立、打开和调试

M 文件是一个文本文件,它可以用任何编辑程序来建立和编辑。最方便的还是使用MATLAB 提供的文本编辑器,因为 MATLAB 文本编辑器具有编辑和调试两种功能。建

立 M 文件只要启动文本编辑器,在文档窗口中输入 M 文件的内容,然后保存即可。

1) 启动文本编辑器的方法

(1) 菜单操作:从 MATLAB 工作界面的"File"菜单中选择"New"菜单项,再选择"M-file"命令,屏幕将出现 MATLAB 文本编辑器的窗口。

(2) 命令操作:在 MATLAB 命令窗口输入命令"edit",按 ENTER 键后,即可启动 MATLAB 文本编辑器。

(3) 命令按钮操作:单击 MATLAB 命令工具栏上的新建命令按钮□,启动 MATLAB 文本编辑器,文本编辑器的界面如图 1.1.8 所示。

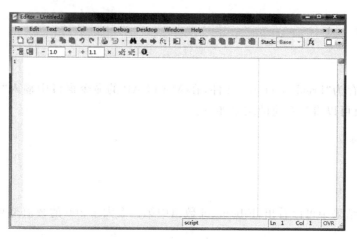

图 1.1.8　MATLAB 文本编辑器

2) 打开已有 M 文件

打开已有 M 文件有三种方式:

(1) 菜单操作:在 MATLAB 命令窗口的"File"菜单中选择"Open"命令,则屏幕出现"Open"对话框,在文件名对话框中选中要打开的 M 文件。

(2) 命令操作:在 MATLAB 命令窗口中输入命令"edit<文件名>",按回车键即可打开指定的 M 文件。

(3) 命令按钮操作:单击 MATLAB 命令窗口工具栏上的打开命令按钮，再从弹出的对话框中选择所需打开的 M 文件。

3) M 文件的调试

在文本编辑器窗口菜单栏和工具栏的下面有三个区域,右侧大区域是程序窗口,用于编写程序;最左边区域显示的是行号,每行都有数字,包括空行,行号是自动出现的,随着命令行的增加而增加;在进行程序调试时,可以直接在程序上设置断点。

## 1.1.7　线性控制系统分析与设计

### 1. 线性系统的描述

1) 传递函数描述法

MATLAB 中使用 tf 命令建立传递函数,即由传递分子分母得出。

语法：

```
G = tf(num,den)
```

其中，$num=[b_1,b_2,\cdots,b_m,b_{m+1}]$ 为分子向量；$den=[a_1,a_2,\cdots,a_n]$ 为分母向量。

**例 1.1.23**　将二阶系统描述为传递函数的形式。

程序如下：

```
>> num = 1;
>> den = [1,2,1];
>> G = tf(num,den)
```

得到的传递函数为：

```
Transfer function:
       1
    -------------
    s^2 + 2 s + 1
```

2）零极点描述法

零极点描述法是线性系统的另一种数学模型，用于将传递函数的分子、分母多项式进行因式分解，MATLAB 中使用 zpk 命令建立零极点传递函数模型。

语法：

```
G = zpk(z,p,k)
```

其中：z 为零点列向量；p 为极点列向量；k 为增益。

**例 1.1.24**　由零极点得出二阶系统传递函数。

程序如下：

```
>> num = 1;
>> den = [1, - 5,6];
>> z = roots(num);
>> p = roots(den);
>> G = zpk(z,p,1)
```

得到的传递函数为：

```
Zero/pole/gain:
       1
    -----------
    (s - 3) (s - 2)
```

## 2. 系统结构框图的模型表示

控制系统的模型通常是由相互连接的模块构成的，模块通过串联、并联和反馈环节构成结构框图，MATLAB 提供了由复杂的结构图得出传递函数的方法。

1）串联结构

SISO 的串联结构是由两个模块串联在一起的，如图 1.1.9 所示。

实现串联结构传递函数的命令为：

图 1.1.9  系统串联结构

G = series(G1,G2,output1,input1)

其中：G1 和 G2 为串联模块,必须都是连续系统;output1 和 input1 分别是串联模块 G1 的输出和 G2 的输入,当 G1 的输出端口数和 G2 的输入端口数相同时可省略,若省略则表明 G1 与 G2 端口正好对应连接。

串联环节的运算也可以用 G＝G1 * G2 来表示。

2) 并联结构

SISO 的并联结构是由两个模块并联在一起的,如图 1.1.10 所示。

实现并联结构传递函数的命令为：

G = parallel(G1,G2,input1,input2,output1,output2)

其中：G1 和 G2 模块必须都是连续系统;input1 和 input2 分别是并联模块 G1 和 G2 的输入端口,output1 和 output2 分别是并联模块 G1 和 G2 的输出端口,都可以省略,如果省略表明 G1 与 G2 端口数相同。

并联环节的运算也可以用 G＝G1＋G2 来表示。

3) 反馈结构

反馈结构是指前向通道和反馈通道模块构成正反馈和负反馈,如图 1.1.11 所示。

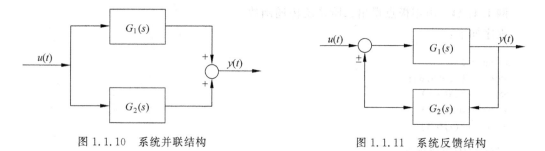

图 1.1.10  系统并联结构          图 1.1.11  系统反馈结构

实现反馈结构传递函数的命令为：

G = feedback(G1,G2,feedin,feedout,sign)

其中：G1 和 G2 模型必须都是连续系统;sign 表示反馈符号,当 sign 省略或者为－1 时为负反馈;feedin 和 feedout 分别是 G2 的输入端口和 G1 的输出端口,可以省略,若省略则表示 G1 和 G2 端口正好对应连接。

## 3. 线性系统的时域分析

1) 零输入响应曲线

MATLAB 中使用 initial 命令计算和显示连续系统的零输入响应。

语法：

```
initial(G,x0,Ts)              % 绘制系统的零输入响应曲线
initial(G1,G2,...,x0,Ts)      % 绘制多个系统的零输入响应曲线
[y,t,x] = initial(G,x0,Ts)    % 得出零输入响应、时间和状态变量响应
```

其中：G 为系统模型，必须为状态空间模型；x0 为初始条件；Ts 为时间点，如果是标量则表示终止时间，如果是数组则表示计算的时刻，可以省略；y 表示输出响应；t 表示时间向量；x 表示状态变量响应，可以省略。

2）脉冲响应分析

连续系统的脉冲响应在 MATLAB 中由 impulse 命令得出。

语法：

```
impulse(G,Ts)                 % 绘制系统的脉冲响应曲线
[y,t,x] = impulse(G,Ts)       % 得出脉冲响应
```

其中：G 为系统模型，可以是传递函数、状态方程或者零极点增益的形式；Ts 为时间点，可以省略；y 表示时间响应；t 表示时间向量；x 为状态变量响应；t 和 x 可以省略。

**例 1.1.25**  求出初始条件为零、系统 $G(s) = \dfrac{s+1}{2s^3 + 6s^2 + 8s + 3}$ 的单位脉冲响应曲线。

程序如下：

```
>> num = [1,1];
>> den = [2,6,8,3];
>> G = tf(num,den);
>> impulse(G)
```

得到的脉冲响应曲线如图 1.1.12 所示。

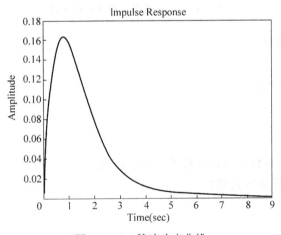

图 1.1.12  脉冲响应曲线

3）阶跃响应分析

连续阶跃响应可以由 step 命令来实现。

语法：

```
step(G,Ts)                    % 绘制系统的阶跃响应曲线
[y,t,x] = step(G1,G2,...,Ts)  % 得出阶跃响应
```

其中：G 为系统模型，可以是传递函数、状态方程或者零极点增益的形式；Ts 为时间点，可以省略；y 表示时间响应；t 表示时间向量；x 为状态变量响应；t 和 x 可以省略。

**例 1.1.26**   根据系统传递函数 $G(s) = \dfrac{1}{s^2 + 3s + 10}$ 得出阶跃响应曲线。

程序如下：

```
>> num = [1];
>> den = [1,3,10];
>> G = tf(num,den);
>> step(G)
```

得到的系统单位阶跃响应曲线如图 1.1.13 所示。

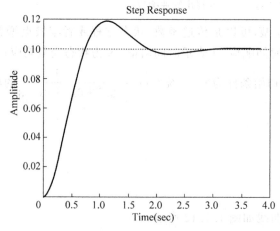

图 1.1.13   系统单位阶跃响应曲线

4）系统的结构参数

（1）极点和零点

① pole 命令计算极点

语法：

```
p = pole(G)
```

说明：当系统有重极点时，计算结果不一定准确。

② roots 函数计算多项式的根

语法：

```
p = roots(den)              % den 是传递函数的分母多项式
```

③ tzero 命令计算零点和增益

语法：

```
z = tzero(G)                % 得出零点
[z,gain] = tzero(G)         % 获得零点和零极点增益
```

说明：对于单输入/单输出系统，tzero 命令也可用来计算零极点增益。

**例 1.1.27**　获得系统 $G(s) = \dfrac{2s^4 + 7s^3 + 7s^2 + 2s}{2s^5 + 7s^4 + 8s^3 + s^2 - 4s - 2}$ 的零极点。

程序如下：

```
>> num = [2,7,7,2];
>> den = [2,7,8,1, -4, -2];
>> G = tf(num,den);
>> P = pole(G)
>> [z,gain] = tzero(G)
```

得到的结果为：

```
P =

   0.6777
  -1.0888 + 0.5387i
  -1.0888 - 0.5387i
  -1.0000
  -1.0000
z =

  -2.0000
  -1.0000
  -0.5000

gain =

   1
```

（2）闭环系统的阻尼系数、固有频率和时域响应的稳态增益

① 闭环系统的阻尼系数、固有频率

damp 命令用来计算闭环系统所有共轭极点的阻尼系数 $\zeta$ 及固有频率 $\omega_n$。

语法：

```
[wn,zeta] = damp(G)
```

② 时域响应的稳态增益

dcgain 命令可以得出稳态增益。

语法：

```
k = dcgain(G)    % 获得稳态增益
```

### 4. 线性系统的频域分析

1）频域特性

线性系统的频域响应可以写成

$$G(j\omega) = |G(j\omega)| e^{j\varphi(\omega)} = A(\omega) e^{j\varphi(\omega)}$$

式中，$A(\omega) = |G(j\omega)|$；$\varphi(\omega) = \angle G(j\omega)$；$A(\omega)$ 为幅频特性；$\varphi(\omega)$ 为相频特性。

语法：

```
Gw = polyval(num, j * w)./polyval(den, j * w)
mag = abs(Gw)                    % 幅频特性
pha = angle(Gw)                  % 相频特性
```

其中，j 为虚部变量。

**例 1.1.28**　由二阶系统的传递函数 $G(s) = \dfrac{1}{s^2 + 3s + 10}$ 得出频域特性。

程序如下：

```
>> num = [1];
>> den = [1, 3, 10];
>> w = 1;
>> Gw = polyval(num, i * w)./polyval(den, i * w)
Gw =

   0.1000 - 0.0333i
>> Aw = abs(Gw)

Aw =

   0.1054

>> Fw = angle(Gw)

Fw =

   - 0.3218
```

2）连续系统频域特性

（1）伯德（Bode）图

伯德图是对数幅频、相频特性曲线，横坐标以 log10（w）为均匀分度，使用 bode 命令绘制。

语法：

```
bode(G, w)                    % 绘制 Bode 图
bode(num, den, w)             % 绘制 Bode 图
[mag, pha] = bode(G, w)       % 得出 w 对应的幅值和相角
[mag, pha, w] = bode(G)       % 得出幅度、相角和频率
```

其中：G 为系统模型；w 为频率向量；num 为分子多项式；den 为分母多项式；mag 为系统的幅值；pha 为系统的相角。

**例 1.1.29**　根据系统传递函数 $G(s) = \dfrac{1}{s^2 + 3s + 10}$ 绘制伯德图。

程序如下：

```
>> num = [1];
>> den = [1, 3, 10];
```

```
>> G = tf(num,den);
>> bode(G)
```

得到的系统伯德图如图 1.1.14 所示。

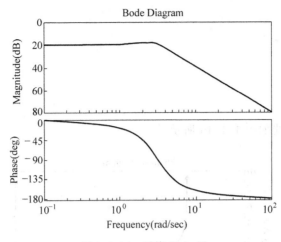

图 1.1.14　系统 Bode 图

（2）奈奎斯特（Nyquist）曲线

奈奎斯特曲线是幅相频率特性曲线，使用 nyquist 命令绘制。

语法：

```
nyquist(G,w)              % 绘制 Nyquist 曲线
nyquist(G1,G2,...,w)      % 绘制多条 Nyquist 曲线
[Re,Im] = nyquist(G,w)    % 由 w 得出对应的实部和虚部
[Re,Im,w] = nyquist(G)    % 得出实部、虚部和频率
```

其中：G 为系统模型；w 为频率向量，也可用 $\{\omega_{\min},\omega_{\max}\}$ 表示频率的范围；Re 为频率特性的实部；Im 为频率特性的虚部。

**例 1.1.30**　根据传递函数 $G(s)=\dfrac{1}{s^3+3s^2+2s}$ 绘制系统的奈奎斯特曲线，获得频率特性的实部和虚部。

程序如下：

```
>> num = 1;
>> den = [1,3,2,0];
>> G = tf(num,den);
>> nyquist(G);
>> w = 1:2;
>> [re,im] = nyquist(G,w)
```

得到频率特性的实部和虚部：

```
re(:,:,1) =

    - 0.3000
```

```
re(:,:,2) =

   − 0.0750

im(:,:,1) =

   − 0.1000

im(:,:,2) =

   0.0250
```

得到奈奎斯特曲线如图 1.1.15 所示。

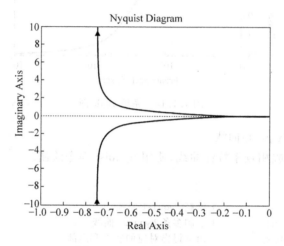

图 1.1.15    奈奎斯特曲线

（3）幅值裕度及相角裕度

语法：

```
margin(G)                        % 绘制 Bode 图并标出幅值裕度和相角裕度
[Gm,Pm,Wcg,Wcp] = margin(G)      % 得出幅值裕度和相角裕度
```

其中：Gm 为幅值裕度；Wcg 为幅值裕度所对应的截止频率；Pm 为相角裕度；Wcp 为相角裕度所对应的穿越频率。如果 Wcg 或 Wcp 为 nan 或者 Inf,则对应的 Gm 或 Pm 为无穷大。

**例 1.1.31**    得出 $G(s) = \dfrac{1}{s^3 + 3s^2 + 2s}$ 系统的幅值裕度和相角裕度。

程序如下：

```
>> num = 1;
>> den = [1,3,2,0];
>> G = tf(num,den);
>> margin(G)
>> [Gm,Pm,Wcg,Wcp] = margin(G)
```

得到的结果为：

```
Gm =

    6.0000

Pm =

    53.4109

Wcg =

    1.4142

Wcp =

    0.4457
```

得到的伯德图如图 1.1.16 所示。

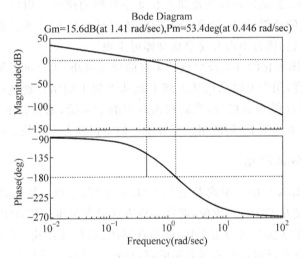

图 1.1.16　带幅值裕度和相角裕度的伯德图

## 1.2　Simulink 基础

　　Simulink 是 MATLAB 的重要组件，它提供了一个动态系统建模、仿真和综合分析的集成环境。在此环境中，无须书写大量的程序，只要通过简单直观的鼠标操作，就可以构造出复杂的仿真系统。

### 1.2.1　Simulink 概述

　　1990 年，MathWorks 软件公司为 MATLAB 提供了新的控制系统模型化图形输入与仿真工具，并将之命名为 SIMULINK，该工具很快就在控制系统工程界获得了广泛的认可，使得仿真软件进入了模型图形组态阶段。1992 年正式将此软件更名为 Simulink。

　　作为 MATLAB 的重要组成部分，Simulink 具有相对独立的功能和使用方法。确切地说,它是对动态系统进行建模、仿真和分析的一个软件包。它支持线性和非线性系统、连续时间系统、离散时间系统、连续和离散混合系统,而且系统可以是多进程的。

Simulink 为用户提供了用图形模块搭建系统动态模型的平台,软件的名字表明了系统的两个主要功能:Simu(仿真)和 Link(连接)。采用这种建模方式来搭建系统动态模型就像用纸和笔来绘制控制系统的动态模型结构图一样,容易、简单、准确而快捷,其直观和灵活的优点非常突出。

Simulink 是 MATLAB 软件的扩展,它与 MATLAB 语言的主要区别在于,与用户交互接口是基于 Windows 的模型化图形输入,使得用户可以把更多的时间投入系统模型的构建上,而非语言的编程上。

Simulink 的特点如下。

### 1. 框图式建模

Simulink 提供了一种图形化的建模方式,所谓图形化建模指的是用 Simulink 中丰富的按功能分类的模块库,帮助用户轻松地建立起动态系统的模型。用户只需要知道这些模块的输入、输出所实现的功能,通过对模块的调用、连接就可以构成所需系统的模型。整个建模的过程只需要用鼠标进行单击和简单拖动即可实现。

利用 Simulink 图形化的环境及提供的丰富的功能模块,用户可以创建层次化的系统模型。从建模角度来讲,用户可以采用从上到下或从下到上的结构创建模型;从分析研究角度讲,用户可以从最高级观察模型,然后双击其中的子系统,来检查下一级的内容,以此类推,从而看到整个模型的细节,帮助用户理解模型的结构和各个模块之间的关系。

### 2. 交互式的仿真环境

可以利用 Simulink 中的菜单或者是 MATLAB 的命令窗口输入命令来对模型进行仿真。菜单方式对于交互工作特别方便,而命令行方式对大量重复仿真很有用。

Simulink 内置很多仿真的分析工具,如仿真算法、系统线性化、寻找平衡点等。仿真的结果可以以图形的方式显示在类似示波器的窗口内,也可以将输出结果以变量的方式保存起来,并输入 MATLAB 中,让用户观察系统的输出结果并作进一步的分析。

### 3. 专用的模块库

Simulink 提供了很多专用的模块库,如 DSP Blocksets 和 Control Blocksets 等。利用这些专用模块库,Simulink 可以方便地对 DSP 及控制系统等进行住址分析和原型设计。

由于 MATLAB 和 Simulink 是集成在一起的,因此用户可以在这两种环境中对自己的模型进行仿真、分析和修改。

## 1.2.2　Simulink 的使用

Simulink 是 MATLAB 的仿真工具箱,可以用来对动态系统进行建模、仿真和分析,支持连续的、离散的及线性和非线性的系统,还支持具有多种采样速率的系统。

### 1. Simulink 启动

启动 MATLAB 之后,运行 Simulink 的方式有两种:

(1) 在 MATLAB 的命令窗口直接输入"Simulink";

(2) 单击 MATLAB 工具条上的 Simulink 图标。

运行后,会弹出一个名为"Simulink Library Browser"的浏览器窗口,如图 1.2.1 所示。该窗口界面分为左、右两列,左侧以树状结构列出的是模块库和工具箱,右侧列出的是左侧所选模块的子模块。当前显示的是 Simulink 模块。

图 1.2.1　Simulink 模块浏览窗口

### 2. Simulink 模型的新建、打开和保存

Simulink 启动后,在创建新模型时,先在"Simulink Library Browser"浏览器上方的工具栏中选择"建立新模型"的图标□,或者在"Simulink Library Browser"浏览器菜单栏选择"File"→"New"→"Model"命令,则会弹出一个名为"untitled"的空白窗口,如图 1.2.2 所示,再用所需的模块搭建成具体的系统模型。

如果要对一个已经存在的 Simulink 模型文件进行编辑修改,需要打开该模型文件。可以在 MATLAB 命令窗口直接输入该模型文件名,回车后可调出;也可以在模型窗口的"File"菜单中选择"Open"命令,或者单击工具栏的 🖼 图标打开文件。

对编辑好的 Simulink 模型文件进行保存,可单击模型窗口工具栏上的保存命令按钮🖫,或在"File"菜单中选择"Save"或者"Save as"命令。保存新编辑好的文件或者另存为时会弹出"Save As"对话框。在文件名后的框里输入要定义的模型文件名,然后单击"保存"按钮。

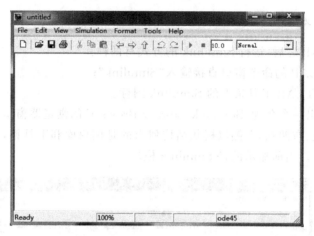

图 1.2.2 "untitled"的空白窗口

### 3. Simulink 基本模块

Simulink 的基本模块包括 16 个子模块：Commonly Used Blocks（常用模块）、Continuous（连续系统模块）、Discontinuities（非线性模块）、Discrete（离散系统模块）、Logic and Bit Operations（逻辑和位运算模块）、Lookup Tables（查表操作模块）、Math Operations（数学运算模块）、Model Verification（模型检验模块）、Model-Wide Utilities（建模辅助工具模块）、Ports & Subsystems（模型接口和子系统模块）、Signal Attributes（信号属性模块）、Signal Routing（信号数据流模块）、Sinks（接收模块）、Sources（信号源模块）、User-Defined Functions（用户自定义模块）和 Additional Math & Discrete（附加的数学模块和离散模块）。各模块的图标和名称如图 1.2.3 所示。

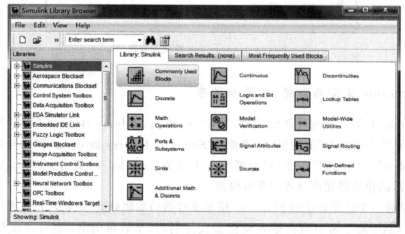

图 1.2.3 子模块

1) 输入信号源模块（Sources）

输入信号源模块是用来向模型提供输入信号的，常用的输入信号源模块如表 1.2.1 所示。

表 1.2.1　常用的输入信号源模块

| 名　称 | 模块形状 | 功能说明 |
|---|---|---|
| Constant | Constant | 恒值常数,可设置数值 |
| Step | Step | 阶跃信号 |
| Ramp | Ramp | 线性增加或减小的信号 |
| Sine Wave | Sine Wave | 正弦波输出 |
| Signal Generator | Signal Generator | 信号发生器,可以产生正弦波、方波、锯齿波和随机波信号 |
| From File | untitled.mat From File | 从文件获取数据 |
| From Workspace | simin From Workspace | 从当前工作空间定义的矩阵读数据 |
| Clock | Clock | 仿真时钟,输出每个仿真步点的时间 |
| In | In1 | 输入模块 |

2) 接收模块(Sinks)

接收模块是用来接收模块信号的,常用的接收模块如表 1.2.2 所示。

表 1.2.2　常用的接收模块

| 名　称 | 模块形状 | 功能说明 |
|---|---|---|
| Scope | Scope | 示波器,显示实时信号 |
| Display | Display | 实时数值显示 |
| XY Graph | XY Graph | 显示 X-Y 两个信号的关系图 |
| To File | untitled.mat To File | 把数据保存为文件 |
| To Workspace | simout To Workspace | 把数据写成矩阵输出到工作空间 |
| Stop Simulation | Stop Simulation | 输入不为零时终止仿真,常与关系模块配合使用 |
| Out | Out1 | 输出模块 |

3) 连续系统模块(Continuous)

连续系统模块是构成连续系统的环节,常用的连续系统模块如表 1.2.3 所示。

表 1.2.3　常用的连续系统模块

| 名　称 | 模块形状 | 功　能　说　明 |
|---|---|---|
| Integrator | $\frac{1}{s}$　Integrator | 积分环节 |
| Derivative | du/dt　Derivative | 微分环节 |
| State-Space | $x' = Ax + Bu$<br>$y = Cx + Du$　State-Space | 状态方程模型 |
| Transfer Fcn | $\frac{1}{s+1}$　Transfer Fcn | 传递函数模型 |
| Zero-Pole | $\frac{(s-1)}{s(s+1)}$　Zero-Pole | 零-极点增益模型 |
| Transport Delay | Transport Delay | 把输入信号按给定的时间做延时 |

4）离散系统模块（Discrete）

离散系统模块是用来构成离散系统的环节,常用的离散系统模块如表 1.2.4 所示。

表 1.2.4　常用的离散系统模块

| 名　称 | 模块形状 | 功　能　说　明 |
|---|---|---|
| Discrete Transfer Fcn | $\frac{1}{z+0.5}$　Discrete Transfer Fcn | 离散传递函数模型 |
| Discrete Zero-Pole | $\frac{(z-1)}{z(z+0.5)}$　Discrete Zero-Pole | 离散零极点增益模型 |
| Discrete State-Space | Discrete State-Space | 离散状态方程模型 |
| Discrete Filter | $\frac{1}{1+0.5z^{-1}}$　Discrete Filter | 离散滤波器 |
| Zero-Order Hold | Zero-Order Hold | 零阶保持器 |
| First-Order Hold | First-Order Hold | 一阶保持器 |
| Unit Delay | $\frac{1}{z}$　Unit Delay | 采样保持,延迟一个周期 |

## 1.2.3　常用模块的参数和属性设置

Simulink 中几乎所有模块的参数和属性都允许用户设置,几乎每个模块都有参数和属性设置对话框。

### 1. 模块参数设置

可以通过双击模块打开参数设置对话框或者单击鼠标右键打开快捷菜单,选择"Block Parameters"菜单项打开。

1) 正弦信号源(Sine Wave)

双击正弦信号源模块,会出现如图 1.2.4 所示的参数设置对话框。

图 1.2.4 所示的上部分为参数说明,仔细阅读可以帮助用户设置参数。"Sine type"为正弦类型,包括"Time-based"和"Sample-based";"Amplitude"为正弦幅值;"Bias"为幅值偏移值;"Frequency"为正弦频率;"Phase"为初始相角;"Sample time"为采样时间。

如将频率设置为 10,相位设置为 30/180,幅值偏移值设置为 10,则产生幅值为 1、频率为 10、在 9~11 之间振动的正弦信号。

2) 阶跃信号源(Step)

阶跃信号源模块是输入信号源,其模块参数设置对话框如图 1.2.5 所示。

其中:"Step time"为阶跃信号的变化时刻,"Initial value"为初始值,"Final value"为终止值,"Sample time"为采样时间。

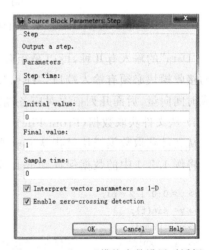

图 1.2.4　"Sine Wave"模块参数设置对话框　　图 1.2.5　"Step"模块参数设置对话框

3) 从工作空间获取数据(From Workspace)

从工作空间获取数据模块的输入信号源为工作空间。

**例 1.2.1**　在工作空间计算变量 t 和 y,将其运算的结果作为系统的输入。

程序如下:

```
>> t = 0:0.1:10;
>> y = sin(t);
>> t = t';
```

```
>> y = y';
```

然后将"From Workspace"模块的参数设置对话框打开,如图 1.2.6(a)所示,在"Data"栏填写"[t,y]",单击"OK"按钮完成,则在模型窗口中该模块就显示为图 1.2.6(b)。用示波器作为接收模块,可以查看输出波形为正弦波。

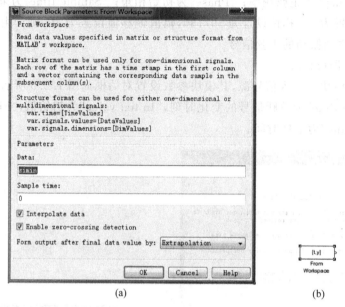

(a)               (b)

图 1.2.6　"From Workspace"模块参数设置对话框(a)和模块显示(b)

"Data"的输入有几种,可以是矩阵、包含时间数据的结构数组。"From Workspace"模块的接收模块必须有输入端口,"Data"矩阵的列数应等于输入端口的个数＋1,第一列自动当成时间向量,后面几列依次对应各端口。

4) 从文件获取数据(From File)

从文件获取数据模块是指从 mat 数据文件中获取数据作为系统的输入。

将例 1.2.1 中的数据保存到 mat 文件:

```
>> t = 0:0.1:2 * pi;
>> y = sin(t);
>> y1 = [t:y];
>> save EX0103 y1          % 保存在"EX0103.mat"文件中
```

然后将"From File"模块的参数设置对话框打开,如图 1.2.7 所示,在"File name"栏填写"EX0103.mat",单击"OK"按钮完成。用示波器作为接收模块,可以查看输出波形。

5) 传递函数(Transfer Function)

传递函数模块是用来构成连续系统结构的模块,其模块参数对话框如图 1.2.8 所示。

在参数设置对话框中,主要是设置分子多项式系数(Numerator coefficients)、分母多项式系数(Denominator coefficients)和绝对容许误差限(Absolute tolerance)。"Numerator coefficients"可以是向量或矩阵,"Denominator coefficients"是向量,"Absolute tolerance"提供误差限,仿真默认的误差限在 Simulink Parameters 中设置。

图 1.2.7　"From File"模块参数设置对话框

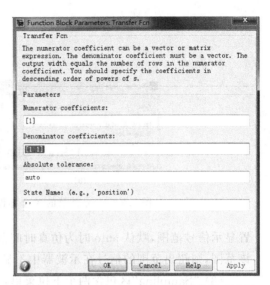

图 1.2.8　"Transfer Fcn"模块参数设置对话框

6) 示波器(Scope)

示波器模块是用来接收输入信号并实时显示信号波形曲线,示波器窗口的工具栏可以调整显示的波形,显示正弦信号的示波器如图 1.2.9 所示。

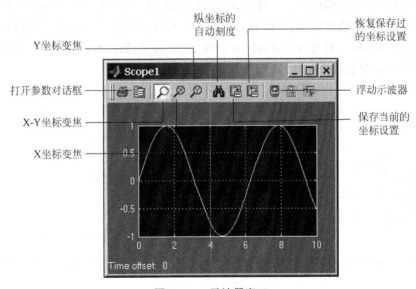

图 1.2.9　示波器窗口

示波器的参数设置如下:

(1) 示波器的 Y 坐标设置如图 1.2.10(a)所示,通过用鼠标右键单击坐标框,在快捷菜单中选择"Axes properties",就会出现"Y 坐标设置"对话框,在"Y-min"和"Y-max"中设置坐标上下限,在"Title"中设置坐标的文字标注。

(2) 示波器的参数设置可以通过单击图 1.2.9 中工具栏上的 Parameters 选项卡中"打开参数对话框"按钮,出现如图 1.2.10(b)所示的"参数设置"对话框,在"Time range"栏设

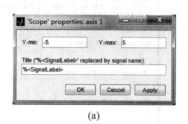

(a)　　　　　　　　　　　(b)

图 1.2.10　示波器的 Y 坐标设置对话框(a)和参数设置对话框(b)

置显示信号范围,默认 auto 时为仿真时间范围,用户可以设置,如果信号实际持续时间超过该范围,则超出范围的信号在示波器中不显示。

(3)"Sampling"区包含两个下拉菜单:"Decimation"表示频度,默认值为 1,表示每隔 1 个数据点显示;"Sample time"表示显示点的采样时间步长,默认值为 0,表示连续信号,大于 0 表示离散信号的时间间隔,一1 表示由输入信号决定。

(4)图 1.2.10(b)中的"Number of axes"栏表示示波器的输入端口个数,默认值为 1,表示只有一个输入,如果设置为 2 则表示有两个输入端口,如图 1.2.11 所示。

(5)参数设置对话框的"Data History"图标如图 1.2.12 所示,"Limit data points to last"栏表示缓冲区接收数据的长度,默认为 5000,不管示波器是否打开,只要仿真启动,缓冲区就接收信号数据。示波器的缓冲区可接收 30 个信号,数据长度为 5000,如果数据长度超出,则最早的历史数据会被清除。

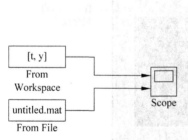
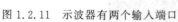

图 1.2.11　示波器有两个输入端口　　　图 1.2.12　示波器参数设置中的"Data History"选项卡

(6)如果选中"Save data to workspace"项,则会把示波器缓冲区中保存的数据以矩阵或结构数组的形式送到工作空间,在下面两栏中设置变量名(Variable name)和数据类型(Format),可以在 MATLAB 命令窗口中查看该变量。

**2. 模块属性设置**

每个模块的属性对话框的内容都相同,选中模块后单击鼠标右键打开快捷菜单,选择"Block properties"菜单项可以打开模块属性对话框,如图 1.2.13 所示,包括选项卡

"General""Block Annotation"和"Callbacks"。

参数设置如下：

1）说明（Description）

对模块在模型中用法的注释。

2）优先级（Priority）

规定该模块在模型中相对于其他模块执行的优先顺序。

3）标记（Tag）

用户为模块添加的文本格式标记。

## 1.2.4　Simulink 模块的操作

模块是建立 Simulink 模型的基本单元。用适当的方式把各种模块连接在一起就能够建立任何动态系统的模型。

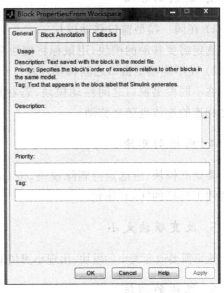

图 1.2.13　模块的属性设置对话框

### 1. 对象的选定

1）选定单个对象

在对象上单击鼠标选定对象,被选定的对象的四角处会出现小黑块编辑框。

2）选定多个对象

如果要选定多个对象,可以按下 Shift 键,然后再单击所需选定的模块；或者用鼠标拉出矩形虚线框,将所有待选模块框在其中,则矩形框中所有的对象均被选中,如图 1.2.14 所示。

3）选定所有对象

如果要选定所有对象,可以选择菜单"Edit"→"Select all"。

### 2. 模块的复制

1）不同模型窗口（包括模型库窗口）之间的模块复制

选定模块,用鼠标将其拖到另一模型窗口；或者选定模块,使用菜单的"Copy"和"Paste"命令；或者选定模块,使用工具栏的"Copy"和"Paste"按钮。

2）同一模型窗口内的模块复制（见图 1.2.15）

选定模块,按下鼠标右键,拖动模块到合适的地方,释放鼠标；或者选定模块,按住 Ctrl 键,再用鼠标拖动对象到合适的地方,释放鼠标；或者使用菜单和工具栏中的"Copy"和"Paste"按钮。

图 1.2.14　选定多个对象

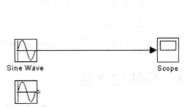

图 1.2.15　在同一模型窗口复制对象

### 3. 模块的移动

1）在同一模型窗口移动模块

选定需要移动的模块,用鼠标将模块拖到合适的地方。

2）在不同模型窗口之间移动模块

在不同模型窗口之间移动模块,若在用鼠标移动的同时按下 Shift 键,当模块移动时,与之相连的连线也随之移动。

### 4. 模块的删除

要删除模块,应选定待删除模块,按 Delete 键;或者通过菜单"Edit"→"Clear"或"Cut";或者用工具栏的"Cut"按钮。

### 5. 改变模块大小

选定需要改变大小的模块,出现小黑块编辑框后,用鼠标拖动编辑框,可以实现放大或缩小。

### 6. 模块的翻转

1）模块翻转 180°

选定模块,选择菜单"Format"→"Flip Block"可以将模块旋转 180°,如图 1.2.16 中间为示波器模块翻转 180°。

2）模块翻转 90°

选定模块,选择菜单"Format"→"Rotate Block"可以将模块旋转 90°,如图 1.2.16 右边示波器所示。如果一次翻转不能达到要求,可以通过多次翻转来实现。

图 1.2.16　翻转模块

### 7. 模块名的编辑

1）修改模块名

单击模块下面或旁边的模块名,出现虚线编辑框就可对模块名进行修改。

2）模块名字体设置

选定模块,选择菜单"Format"→"Font",打开字体对话框设置字体。

3）模块名的显示和隐藏

选定模块,选择菜单"Format"→"Hide/Show name",可以隐藏或显示模块名。

4）模块名的翻转

选定模块,选择菜单"Format"→"Flip name",可以翻转模块名。

## 1.2.5　模块的连接

### 1. 模块间连线

先将光标指向一个模块的输出端,待光标变为十字符后,按下并拖动鼠标到另一模块的输入端。

### 2. 信号线的分支和折曲

1）分支的产生

将光标指向信号线的分支点上，按鼠标右键，光标变为十字符，拖动鼠标直到分支线的终点，释放鼠标；或者按住 Ctrl 键，同时按下鼠标左键拖动鼠标到分支线的终点，如图 1.2.17 所示。

2）信号线的折曲

选中已存在的信号线，将光标指向折点处，按住 Shift 键，同时按下鼠标左键，当光标变成小圆圈时，用鼠标拖动小圆圈将折点拉至合适处，释放鼠标，如图 1.2.18 所示。

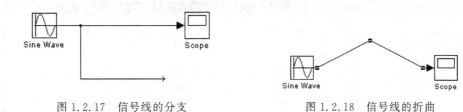

图 1.2.17　信号线的分支　　　　　图 1.2.18　信号线的折曲

### 3. 信号线文本注释

1）添加文本注释

双击需要添加文本注释的信号线，则出现一个空的文字填写框，在其中输入文本。

2）修改文本注释

单击需要修改的文本注释，出现虚线编辑框即可修改文本。

3）移动文本注释

单击标识，出现编辑框后，就可以移动编辑框。

4）复制文本注释

单击需要复制的文本注释，按下 Ctrl 键同时移动文本注释，或者用菜单和工具栏的复制操作。

### 4. 在信号线中插入模块

如果模块只有一个输入端口和一个输出端口，则该模块可以直接被插入一条信号线中。

### 5. 给模型添加文本注释

1）添加模型的文本注释

在需要当作注释区的中心位置，双击鼠标左键，就会出现编辑框，在编辑框中就可以输入文字注释。

2）注释的移动

在注释文字处单击鼠标左键，当出现文本编辑框后，用鼠标就可以拖动该文本编辑框。

### 1.2.6 Simulink 仿真配置

在编辑建立起系统模型之后,在进行仿真之前,假如用户不采用默认设置,就应对各个仿真参数进行配置,以便对模型进行动态仿真。在仿真编辑窗口中,单击 Simulation 菜单下面的 Configuration Parameters 项或者直接按快捷键 Ctrl+E,便弹出如图 1.2.19 所示的 Simulink 设置窗口。采用菜单方式进行仿真最主要的也就是设置参数,它包括仿真参数(Solver)设置、工作空间数据导入/导出(Data Import/Export)设置、优化(Optimization)设置、诊断(Diagnostics)设置、硬件实现(Hardware Implementation)设置、模型引用(Model Referencing)设置、实时代码生成工具箱(Real-Time Workshop)设置和 HPL 编码器(HDL Coder)设置。通过对树形菜单的选择,打开参数对话框进行设置。

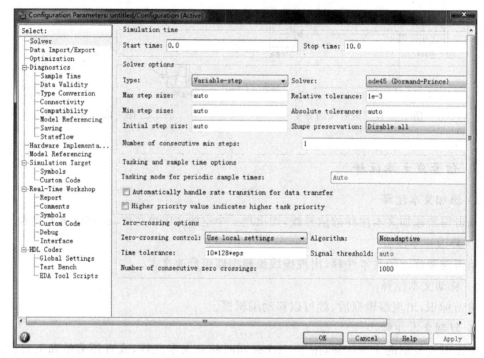

图 1.2.19　Simulink 设置窗口

#### 1. 解算器参数设置

解算器参数设置用于仿真时间设置、仿真步长设置及仿真解法设置等选择。

1) 仿真时间

这里所指的时间的概念与真实的时间并不一致,只是计算机仿真中对时间的一种表示,比如 10s 的仿真时间,如果采样步长定为 0.1,则需要执行 100 步,如果把步长减小,则采样点数增加,那么实际执行的时间就会增加。总而言之,执行一次仿真要耗费的时间依赖很多因素,包括模型的复杂程度、解法器及步长的选择、计算机时钟的速度等。仿真时间设置如图 1.2.20 所示。

图 1.2.20　仿真时间设置

2）仿真步长模式

用户在"Type"后面的第一个下拉选项框中指定仿真的步长选取方式,可供选择的有
"Variable-step"(变步长)和"Fixed-step"(固定步长)两种方式。

变步长仿真类型设置窗口如图 1.2.21 所示,"Solver options"的内容是针对解常微分
方程组而设置的。其中的"Type"用来选择仿真的步长是变化的还是固定的。选择变步长
方式可以在仿真过程中改变步长,提供"Max step size"(最大步长)、"Min step size"(最小步
长)、"Initial step size"(初始步长)、"Relative tolerance"(相对误差)和"Absolute tolerance"
(绝对误差)几个选项。在解法选项中还可以根据下拉选项框中内容选择对应模式下仿真所
采用的算法。

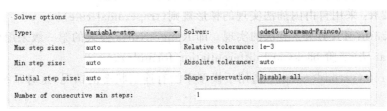

图 1.2.21　变步长仿真类型设置窗口

采用变步长解法时,应该先指定一个容许差限(在"Relative tolerance"或"Absolute
tolerance"中设置),使得当误差超过这个误差限时自动修正仿真步长,所以说,在变步长仿
真时误差限的设置将关系到常微分方程组解的精度。同时,采用变步长解法还要设置最大
步长("Max step size"),在默认情况下,系统决定最大步长的公式为:最大步长＝(停止时
间－起始时间)/50。

固定步长仿真类型设置窗口如图 1.2.22 所示。

图 1.2.22　固定步长仿真类型设置窗口

在一些特定场合下往往还需要采用定步长的方法进行仿真,这时不能对误差限做出要
求,只能设置固定的步长长度。

3）选择仿真解法

有了模型以后,确定一个合适的解法是至关重要的。

如果模型全部是离散的,那么对变步长和定步长,解法都采用 discrete(no continuous
states)。如果模型中含有连续状态,则可供选择的解法很多,而且对于变步长和定步长的情
况供选择的解法是不同的。

第一类:变步长解法,其仿真解法设置如图 1.2.23 所示。

可供选择的变步长解法有 ode45、ode23、ode113、ode15s、ode23s、ode23t、ode23tb 和 discrete（variable-step）。

图 1.2.23　变步长仿真解法设置

（1）ode45：基于 Runge-Kutta 的四、五阶算法。它属于单步解法（只需要前一步的解就可以计算出当前的解），不需要附加初始值，因而，计算过程中随意改变边长也不会增加任何附加计算量，这是它的重要优点。

（2）ode23：基于 Runge-Kutta 的二、三阶算法，属于单步解法。

（3）ode113：可变阶次 Adams-Bashforth-moulton PECE 的算法，属于多步解法（需要前几步的解来计算当前的解）。

（4）ode15s：可变阶次的数值微分公式（NDFs）算法，属于多步解法。如果采用 ode45 效果很差或者失败，可以考虑用此算法。

（5）ode23s：基于修正的 Rosenbrock 公式，属于单步解法。

（6）ode23t：采用自由内插法实现的梯形规则（trapezoidal rule）。

（7）ode23tb：TR-BDF2 方法的实现。即 Runge-Kutta 公式的第一级采用梯形规则，第二级采用 Gear 法（二阶 backward differentiation formula）。

（8）discrete(variable-step)：适用于模型中没有连续状态的情况，这时系统会自动选择这种方式。

第二类：定步长解法，其仿真解法设置如图 1.2.24 所示。

可以选用的定步长解法有 ode8、ode5、ode4、ode3、ode2、ode1 和 discrete(fixed-step)。

（1）ode8：八阶 Dormand-Prince 公式。

（2）ode5：五阶 Dormand-Prince 公式。

图 1.2.24　定步长仿真解法设置

（3）ode4：四阶 Runge-Kutta 算法（RK4）。

（4）ode3：定步长 ode23 解法。

（5）ode2：Henu 方法，即改进的欧位法。

（6）ode1：欧拉法。

（7）discrete(fixed-step)：不含积分运算的定步长方法，适用于没有连续状态的系统。

## 2. 工作空间数据导入/导出设置

在 Simulink 参数设置对话框左侧选择"Data Import/Export"，如图 1.2.25 所示，可以设置 Simulink 从工作空间输入数据、初始化状态模块，也可以把仿真结果以及状态模块数据保存到当前工作空间。

1）从工作空间装载数据（Load from workspace）

在仿真过程中，可以从工作空间将数据输入模型的输入端口。

（1）"Input"栏。如果使用输入端口，就勾选"Input"栏，并填写在 MATLAB 工作空间的输入数据变量名，如[t,u]，第 1 列是时间向量，后面几列按顺序依次为对应的输入端口。

（2）"Initial state"栏。勾选"Initial state"栏，将强迫模型从工作空间中获取模型内所有状态变量的初始值，在右边空白栏填写的变量名，默认为 xInitial，应是工作空间中存在的

图 1.2.25 "Data Import/Export"参数设置

变量,该变量包含模型状态变量的初始值。

2)保存数据到工作空间(Save to workspace)

(1)"Time"栏。勾选"Time"栏后,模型将把(时间)变量(默认变量名为 tout)存放于工作空间。

(2)"States"栏。勾选"States"栏后,模型将其状态变量(默认变量名为 xout)存放于工作空间。

(3)"Output"栏。如果模型窗口中使用输出模块"Out",则必须勾选"Output"栏,并填写在工作空间中的输出数据变量名(默认名为 yout)。

(4)"Final states"栏。勾选"Final states"栏后,将向工作空间(默认变量名为 xFinal)存放最终状态值。

3)变量存放选项(Save options)

"Save options"必须与"Save to workspace"配合使用。

(1)"Limit data points to last"栏。勾选"Limit data points to last"栏后,可设定保存变量接收数据的长度,默认值为 1000。如果数据长度超过设定值,则最早的历史数据被清除。

(2)"Format"栏。"Format"栏保存数据有三种格式:结构数组、带时间量的结构数组和数组。

# 线性系统的时域分析法

## 2.1　系统时间响应的性能指标

时域分析是指控制系统在一定的输入下,根据输出量的时域表达式,分析系统的稳定性、瞬态和稳态性能。时域分析法直接在时间域中对系统进行分析,直观、准确。系统输出量的时域表示可由微分方程得到,也可由传递函数得到。在初值为零时,一般都利用传递函数进行研究,用传递函数评价系统的性能指标。控制系统性能的评价分为动态性能指标和稳态性能指标两类。为了求解系统的时间响应,必须了解输入信号的解析表达式。然而,在一般情况下,控制系统的外加输入信号具有随机性而无法预先确定,因此需要选择若干典型输入信号,研究线性控制系统在典型输入信号作用下的时间响应过程和性能指标。

### 1. 动态响应

动态响应又称瞬态响应或过渡过程,指系统在典型输入信号作用下,系统输出量从初始状态到最终状态的响应过程。由于实际控制系统具有惯性、摩擦以及其他一些原因,系统输出量不可能完全复现输入量的变化。根据系统结构和参数选择情况,动态过程表现为衰减、发散或等幅振荡形式。显然,一个可以实际运行的控制系统,其动态过程必须是衰减的,换句话说,系统必须是稳定的。动态过程除提供系统稳定性的信息外,还可以提供响应速度及阻尼情况等信息。这些信息用动态性能描述。

### 2. 稳态响应

如果一个线性系统是稳定的,那么从任何初始条件开始,经过一段时间就可以认为它的过渡过程已经结束,进入了与初始条件无关而仅由外作用决定的状态,即稳态响应。所以稳态响应是指当 $t$ 趋于无穷大时系统的输出状态。稳态响应表征系统输出量最终复现输入量的程度,提供系统有关稳态误差的信息,用稳态性能来描述。

控制系统在典型输入信号作用下的性能指标,通常由动态性能和稳态性能两部分组成。

### 3. 稳态性能指标

稳态性能指标是表征控制系统准确性的性能指标,通常用稳态下输出量的期望值与实际值之间的差来衡量,称为稳态误差。如果这个差是常数,则称为静态误差,简称静误差或静差。稳态误差反映控制系统复现或跟踪输入信号的能力或抗干扰能力。

#### 4. 动态性能指标

一个控制系统除了稳态控制精度要满足一定的要求以外,对控制信号的响应过程也要满足一定的要求,这些要求表现为动态性能指标。描述稳定的系统在单位阶跃函数作用下,动态过程随时间 $t$ 的变化状况的指标称为动态性能指标。线性控制系统在零初始条件和单位阶跃信号输入下的响应过程曲线称为系统的单位阶跃响应曲线。典型的响应曲线如图 2.1.1 所示,图中标注了各项性能指标。

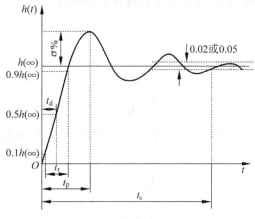

图 2.1.1　单位阶跃响应

延迟时间 $t_d$:指响应曲线第一次达到其终值的一半所需的时间。

上升时间 $t_r$:指响应从终值的 $10\%$ 上升到终值的 $90\%$ 所需的时间;对于有振荡的系统,也可定义为响应从零第一次上升到终值所需的时间。上升时间是系统响应速度的一种度量。上升时间越短,响应速度越快。

峰值时间 $t_p$:指响应超过其终值到达第一个峰值所需的时间。

调节时间 $t_s$:指响应到达并保持在终值的 $\pm 5\%$ 内所需的最短时间。

超调量 $\sigma\%$:指响应的最大偏离量 $h(t_p)$ 与终值 $h(\infty)$ 的差与终值 $h(\infty)$ 比的百分数,即

$$\sigma\% = \frac{h(t_p) - h(\infty)}{h(\infty)} \times 100\% \tag{2.1.1}$$

若 $h(t_p) < h(\infty)$,则响应无超调。超调量也称为最大超调量或百分比超调量。

在实际应用中,常用的动态性能指标多为上升时间、调节时间和超调量。用 $t_r$、$t_p$ 和 $t_d$ 评价系统的响应速度;$\sigma\%$ 反映系统动态过程的平稳性,用来评价系统的阻尼程度;$t_s$ 表示系统过渡过程的持续时间,从整体上反映系统的快速性,同时是反映响应速度和阻尼程度的综合性指标。应当指出,除简单的一、二阶系统外,要精确确定这些动态性能指标的解析表达式是很困难的。

## 2.2　典型输入信号

要获得控制系统的响应特性,不仅需要建立微分方程,还要有输入函数和初始条件。系统工作时实际输入信号往往是不确定的。如果系统本身的结构和参数好(两者决定输出量

对于输入量微分方程的阶次和系数），在不同输入函数作用下的输出响应变化得都很快，很平稳；如果系统的结构和参数不好，随输入变化的输出响应都会有大幅度的振荡和反应迟钝。这说明系统的品质是由系统的结构和参数决定的，系统分析关心的是系统内在的品质，为了便于对系统进行分析和设计，同时也为了便于对各种控制系统的性能进行比较，需要假定一些基本的输入函数形式，称之为典型输入信号。

典型输入信号易于在实验室中获得，数学表达式要简单，以便于数学上的分析和处理。控制系统中常用的典型输入信号有阶跃函数、斜坡函数、抛物线函数、脉冲函数和正弦函数，这些函数都是简单的时间函数，便于数学分析和实验研究。

### 1. 阶跃函数

阶跃函数的数学表达式为

$$r(t) = \begin{cases} 0, & t < 0 \\ R_0, & t \geqslant 0 \end{cases} \tag{2.2.1}$$

式中，$R_0$ 为一常量。$R_0 = 1$ 的阶跃函数称为单位阶跃函数，单位阶跃函数的拉普拉斯变换（以下简称拉氏变换）为

$$R(s) = \frac{1}{s} \tag{2.2.2}$$

### 2. 斜坡函数

斜坡函数表示从 $t=0$ 时刻开始，以恒定速率 $R$ 随时间而变化的函数，数学表达式为

$$r(t) = \begin{cases} 0, & t < 0 \\ Rt, & t \geqslant 0 \end{cases} \tag{2.2.3}$$

由于这种函数的一阶导数为常量 $R$，故斜坡函数又称为等速度函数。$R=1$ 的斜坡函数为单位斜坡函数，其一次微分为单位阶跃函数。单位斜坡函数的拉氏变换为

$$R(s) = \frac{1}{s^2} \tag{2.2.4}$$

### 3. 抛物线函数

抛物线函数的数学表达式为

$$r(t) = \begin{cases} 0, & t < 0 \\ \frac{1}{2}Rt^2, & t \geqslant 0 \end{cases} \tag{2.2.5}$$

式中，$R$ 为常数。抛物线函数代表匀加速度变化的信号，故抛物线函数又称为等加速度函数。当 $R=1$ 时，为单位抛物线函数，其拉氏变换为

$$R(s) = \frac{1}{s^3} \tag{2.2.6}$$

### 4. 脉冲函数

脉冲函数的定义为

$$r(t) = R\delta(t) \tag{2.2.7}$$

式中，$R$ 为脉冲函数的幅值。$R=1$ 的脉冲函数称为单位理想脉冲函数，并用 $\delta(t)$ 表示。

$\delta(t)$ 的定义为

$$\delta(t) = \begin{cases} 0, & t \neq 0 \\ \infty, & t = 0 \end{cases} \tag{2.2.8}$$

$$\int_{-\infty}^{\infty} \delta(t) \, \mathrm{d}t = 1 \tag{2.2.9}$$

$\delta(t)$ 函数是一种理想脉冲信号。工程实践中常常用实际脉冲近似地表示理想脉冲。当窄脉冲信号的间隔时间远大于冲激响应的瞬态过程所经历的时间时，可近似代替 $\delta(t)$。$\delta(t)$ 的拉氏变换为

$$R(s) = 1 \tag{2.2.10}$$

### 5. 正弦函数

正弦函数作为典型的输入信号，主要用于线性控制系统的频率响应分析，可求得系统对不同频率的正弦函数输入的稳态响应。正弦函数数学表达式为

$$r(t) = A\sin\omega t \tag{2.2.11}$$

式中，$A$ 为正弦函数的幅值；$\omega$ 为正弦函数的频率。正弦函数的拉氏变换为

$$R(s) = \frac{A\omega}{s^2 + \omega^2} \tag{2.2.12}$$

实际应用时究竟采用哪一种典型输入信号，取决于系统常见的工作状态；同时，在所有可能的输入信号中，往往选取最不利的信号作为系统的典型输入信号。这种处理方法在许多场合是可行的。在一般情况下，如果系统的实际输入信号大部分为一个突变的量，则应取阶跃信号为实验信号；如果系统的输入大多是随时间逐渐增加的信号，则选择斜坡信号为实验信号较为合适；如果系统的输入信号是一个瞬时冲激的函数，则显然脉冲信号为最佳选择。同一系统中，不同形式的输入信号所对应的输出响应是不同的，但对于线性控制系统来说，它们所表征的系统性能是一致的。通常以单位阶跃函数作为典型输入信号，则可在一个统一的基础上对各种控制系统的特性进行比较和研究。

# 2.3　一阶系统的时域分析

以一阶微分方程作为运动方程的控制系统，称为一阶系统。在工程实践中，一阶系统应用广泛。有些高阶系统的特性，常可用一阶系统的特性来近似表征。

## 2.3.1　一阶系统的数学模型

表征一阶系统动态特性的运动方程的标准形式是

$$T\frac{\mathrm{d}c(t)}{\mathrm{d}t} + c(t) = r(t) \tag{2.3.1}$$

式中，$c(t)$ 为系统的输出信号；$r(t)$ 为输入信号；$T$ 为时间常数，对于由一个电阻和一个电容构成的一阶电路，$T=RC$，取电容电压作为输出电压。一阶系统只有 $T$ 这一个结构参数，

反映了一阶系统的惯性大小或阻尼程度,$T$ 越小,系统响应越快,一阶系统的性能由 $T$ 唯一决定。当电路初始条件为零时,其传递函数为

$$\Phi(s) = \frac{C(s)}{R(s)} = \frac{1}{Ts+1} \tag{2.3.2}$$

式(2.3.2)称为一阶系统的数学模型。具有相同运动方程或传递函数的所有线性系统,对同一输入信号的响应是相同的。

一阶系统的结构图如图 2.3.1(a)所示,它在 $s$ 平面上的极点分布为 $s = -\dfrac{1}{T}$,如图 2.3.1(b)所示。

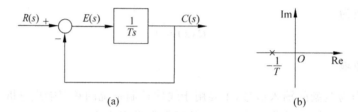

(a)　　　　　　　　　　　(b)

图 2.3.1　一阶系统结构图和极点分布图

## 2.3.2　一阶系统的单位阶跃响应

当一阶系统的输入信号为单位阶跃函数,即 $r(t) = 1(t)$ 时,系统的输出响应 $h(t)$ 称为单位阶跃响应,拉氏变换为 $H(s)$。有

$$h(t) = 1 - e^{-\frac{t}{T}}, \quad t \geqslant 0 \tag{2.3.3}$$

$$H(s) = \frac{1}{Ts+1} \times \frac{1}{s} \tag{2.3.4}$$

式中,1 为稳态分量,由输入信号决定;$-e^{-\frac{t}{T}}$ 为系统的动态分量,变化规律由传递函数的极点决定。当 $t \to \infty$ 时,瞬态分量按指数规律衰减到零。一阶系统的单位阶跃响应是一条初始值为零、以指数规律上升到终值的曲线,如图 2.3.2 所示。由图 2.3.2 可看出,一阶系统的单位阶跃应为非周期响应,具备如下两个重要特点。

(1) 可用时间常数 $T$ 去度量系统输出量的数值,即

$$h(0) = 1 - e^0 = 0$$
$$h(T) = 1 - e^{-1} = 0.632$$
$$h(2T) = 1 - e^{-2} = 0.865$$
$$h(3T) = 1 - e^{-3} = 0.95$$
$$h(\infty) = 0$$

这一特性为用实验方法测定一阶系统的时间常数 $T$ 提供了理论依据。

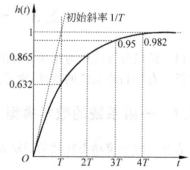

图 2.3.2　一阶系统的单位阶跃响应曲线

（2）响应曲线的斜率初始值为 $1/T$，并随时间的推移而下降。一阶系统如能保持 $t=0$ 时刻的初始响应速度不变，则在 $t=0 \sim T$ 时间里响应过程便可以完成其总变化量，而有 $h(t)=1$。但一阶系统单位阶跃响应的实际响应速度并不能保持 $1/T$ 不变，而是随时间的推移而单调下降，从而使单位阶跃响应完成全部变化量所需的时间为无限长。

根据动态性能指标的定义，一阶系统的动态性能指标为

$$t_\mathrm{d}=0.69T \tag{2.3.5}$$

$$t_\mathrm{r}=2.20T \tag{2.3.6}$$

$$t_\mathrm{s}=3T \tag{2.3.7}$$

显然，峰值时间 $t_\mathrm{p}$ 和超调量 $\sigma\%$ 都不存在，系统的稳态误差为零。由于时间常数 $T$ 反映系统的惯性，所以一阶系统的惯性越小，响应过程越快；反之，惯性越大，响应越慢。

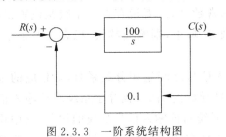

图 2.3.3   一阶系统结构图

**例 2.3.1**   一阶系统结构图如图 2.3.3 所示，试求系统单位阶跃响应的调节时间 $t_\mathrm{s}$（取 5%误差带），若要求 $t_\mathrm{s} \leqslant 0.1\mathrm{s}$，系统反馈系数应取何值？

**解**：$\Phi(s)=\dfrac{C(s)}{R(s)}=\dfrac{\dfrac{100}{s}}{1+\dfrac{100}{s}\times 0.1}=\dfrac{100}{s+10}=$

$\dfrac{10}{0.1s+1}$，由 $\Phi(s)$ 的时间常数标准形式可知：$T=0.1\mathrm{s}$，当 $\Delta=5\%$ 时，$t_\mathrm{s}=3T=0.3\mathrm{s}$。

闭环传递函数 $\Phi(s)=\dfrac{10}{0.1s+1}$ 分子上的数值 10，称为开环放大系数，相当于标准闭环

传递函数 $\Phi(s)=\dfrac{1}{0.1s+1}$ 前面串联一个 $k=10$ 的放大器，调节时间与它无关，只取决于时间常数。

求满足 $t_\mathrm{s} \leqslant 0.1\mathrm{s}$ 的反馈系数值，假设反馈系数为 $k_1$（$k_1>0$），则同样由结构图写出闭环

传递函数 $\Phi(s)=\dfrac{C(s)}{R(s)}=\dfrac{\dfrac{100}{s}}{1+\dfrac{100}{s}\times k_1}=\dfrac{100}{s+100k_1}=\dfrac{\dfrac{1}{k_1}}{\dfrac{0.01s}{k_1}+1}$，则 $T=\dfrac{0.01}{k_1}$，又 $t_\mathrm{s}=3T=$

$3\dfrac{100}{k_1}\leqslant 0.1$，解得 $k_1 \geqslant 0.3$。

### 2.3.3  一阶系统的单位脉冲响应

当输入信号为理想单位脉冲函数时，系统的输出响应称为单位脉冲响应。其表达式为

$$c(t)=\frac{1}{T}\mathrm{e}^{-\frac{t}{T}}, \quad t \geqslant 0 \tag{2.3.8}$$

由式（2.3.8）可以计算出时间 $t$ 分别为 $0$、$T$、$2T$、$3T$、$\infty$ 等时刻的响应，如图 2.3.4 所示。

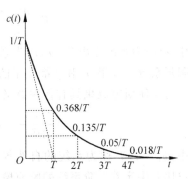

图 2.3.4   一阶系统单位脉冲响应曲线

### 2.3.4 一阶系统的单位斜坡响应

设系统的输入信号为单位斜坡函数 $r(t)=t$，可求得一阶系统的单位斜坡响应为 $c(t)$，响应的拉氏变换为 $C(s)$，系统稳态误差为 $e_{ss}$。

$$c(t)=t-T(1-e^{-\frac{t}{T}}),\quad t\geqslant 0 \tag{2.3.9}$$

$$C(s)=\frac{1}{Ts+1}\times\frac{1}{s^2} \tag{2.3.10}$$

$$e_{ss}=T \tag{2.3.11}$$

式(2.3.9)中，$t-T$ 为稳态分量；$Te^{-\frac{t}{T}}$ 为瞬态分量。一阶系统在斜坡信号输入下稳态输出的斜率与输入的斜率相等，只是滞后一个时间常数 $T$，或者说存在一个跟踪位置误差，其数值与时间常数 $T$ 的数值相等。因此时间常数 $T$ 越小，则响应越快，稳态误差越小，输出量对输入量的滞后也越小。

由以上对几种典型信号的分析可以说明：输入信号之间呈积分关系时，则相应的系统响应之间也呈现积分关系。或者说系统对输入信号导数的响应，就等于系统对该输入信号响应的导数；系统对输入信号积分的响应，就等于系统对该输入信号响应的积分，其中积分常数由零输出初始条件确定。这是线性定常系统所特有的重要特性，不仅适用于一阶线性定常系统，而且适用于任意阶定常系统。

## 2.4　二阶系统的时域分析

由二阶微分方程描述的控制系统称为二阶系统。它在控制工程中的应用极为广泛，如RLC 网络、电动机、物体运动等。二阶系统在数学上容易分析，而且在一定条件下，常常近似地代替高阶系统进行研究。

### 2.4.1 二阶系统的数学模型

#### 1. 微分方程

二阶系统微分方程是

$$T^2\frac{d^2c(t)}{dt^2}+2\zeta T\frac{dc(t)}{dt}+c(t)=r(t) \tag{2.4.1}$$

式中，$c(t)$ 为系统输出量；$r(t)$ 为系统输入量；参数 $T$ 为二阶系统的时间常数；$\zeta$ 称作系统的阻尼系数。如果 $T$ 和 $\zeta$ 都是正的，则系统稳定。

为了使研究成果具有普遍意义，标准形式还可写作

$$\frac{d^2c(t)}{dt^2}+2\zeta\omega_n\frac{dc(t)}{dt}+\omega_n^2c(t)=\omega_n^2r(t) \tag{2.4.2}$$

其中，$\omega_n=1/T$ 称为系统的自然频率。二阶系统含有两个结构参数，即阻尼系数 $\zeta$ 和 $\omega_n$。阻尼比 $\zeta$ 决定着二阶系统的响应模态。$\zeta=0$ 时系统的响应为无阻尼响应；$\zeta=1$ 时系统的响应为临界阻尼响应；$\zeta>1$ 时系统的响应是过阻尼的；$0<\zeta<1$ 时系统的响应为欠阻尼响

应。欠阻尼工作状态下,合理选择阻尼比的值,可以使系统具有令人满意的动态性能。

### 2. 结 构 图

标准形式的二阶系统结构图如图 2.4.1 所示,二阶系统的时间响应取决于 $\zeta$ 和 $\omega_n$ 这两个参数。

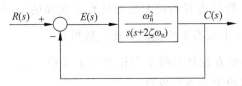

图 2.4.1　标准形式的二阶系统结构图

### 3. 闭环传递函数

二阶系统的闭环传递函数为

$$\Phi(s) = \frac{\omega_n^2}{s^2 + 2\zeta\omega_n s + \omega_n^2} \tag{2.4.3}$$

令式(2.4.3)的分母多项式为零,得二阶系统的特征方程

$$s^2 + 2\zeta\omega_n s + \omega_n^2 = 0 \tag{2.4.4}$$

其两个根(闭环极点)为式(2.4.5),闭环极点分布图如图 2.4.2 所示。

$$s_{1,2} = -\zeta\omega_n \pm j\omega_n\sqrt{\zeta^2 - 1} \tag{2.4.5}$$

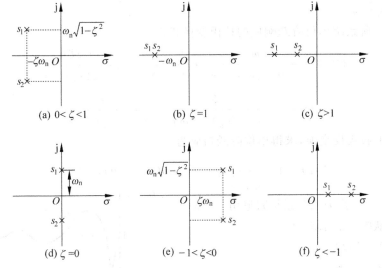

图 2.4.2　二阶系统的闭环极点分布

(1) 当 $0 < \zeta < 1$ 时,两个特征根为一对共轭复根 $s_{1,2} = -\zeta\omega_n \pm j\omega_n\sqrt{1-\zeta^2}$,它们是位于 $s$ 平面左半平面的共轭复数极点。

(2) 当 $\zeta = 1$ 时,特征方程具有两个相等的负实根 $s_{1,2} = -\omega_n$,它们是位于 $s$ 平面负实轴上的相等实极点。

（3）当 $\zeta>1$ 时，特征方程具有两个不相等的负实根 $s_{1,2}=-\zeta\omega_n\pm\omega_n\sqrt{\zeta^2-1}$，它们是位于 $s$ 平面负实轴上的两个不等实极点。

（4）当 $\zeta=0$ 时，特征方程的两个根为共轭纯虚根 $s_{1,2}=\pm j\omega_n$，它们是位于 $s$ 平面虚轴上的一对共轭极点。

（5）当 $-1<\zeta<0$ 时，特征方程的两个根为具有正实部的一对共轭复根 $s_{1,2}=-\zeta\omega_n\pm j\omega_n\sqrt{1-\zeta^2}$，它们是位于 $s$ 平面右半平面的共轭复数极点。

（6）当 $\zeta<-1$ 时，特征方程具有两个不相等的正实根 $s_{1,2}=-\zeta\omega_n\pm\omega_n\sqrt{\zeta^2-1}$，它们是位于 $s$ 平面正实轴上的两个不等实极点。

### 2.4.2　二阶系统的单位阶跃响应

根据上面所列不同情况可分析二阶系统的单位阶跃响应。二阶系统中欠阻尼系统尤为常见。由于这种系统有一对实部为负的共轭复根，响应呈衰减振荡，故又称振荡环节。系统闭环传递函数的一般形式为

$$\Phi(s)=\frac{\omega_n^2}{s^2+2\zeta\omega_n s+\omega_n^2} \tag{2.4.6}$$

两个特征根为

$$s_{1,2}=-\zeta\omega_n\pm j\omega_n\sqrt{1-\zeta^2}=-\sigma\pm j\omega_d \tag{2.4.7}$$

式中，$\sigma=\zeta\omega_n$，为特征根实部的模值，具有角频率量纲；$\omega_d=\omega_n\sqrt{1-\zeta^2}$，为系统的有阻尼自振频率，且 $\omega_d<\omega_n$。

欠阻尼二阶系统单位阶跃响应的拉氏变换式为

$$C(s)=\frac{\omega_n^2}{s^2+2\zeta\omega_n s+\omega_n^2}\cdot\frac{1}{s}=\frac{1}{s}-\frac{s+2\zeta\omega_n}{s^2+2\zeta\omega_n s+\omega_n^2}$$

$$=\frac{1}{s}-\frac{s+\zeta\omega_n}{(s+\zeta\omega_n)^2+\omega_d^2}-\frac{\zeta\omega_n}{(s+\zeta\omega_n)^2+\omega_d^2} \tag{2.4.8}$$

对上式取拉氏反变换，求得单位阶跃响应为

$$h(t)=1-\frac{1}{\sqrt{1-\zeta^2}}e^{-\zeta\omega_n t}\sin(\omega_d t+\theta),\quad t\geqslant 0 \tag{2.4.9}$$

式中，$\theta=\arccos\zeta$，称为二阶系统阻尼角。二阶系统单位阶跃响应的偏差为

$$e(t)=r(t)-h(t)$$

$$=\frac{1}{\sqrt{1-\xi^2}}e^{-\zeta\omega_n t}\sin(\omega_d t+\theta),\quad t\geqslant 0$$

$$\tag{2.4.10}$$

欠阻尼二阶系统的单位阶跃响应 $h(t)$ 和其偏差响应 $e(t)$ 如图 2.4.3 所示，由图可知，$h(t)$ 为衰减的正弦振荡过程；特征根实部的

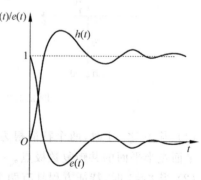

图 2.4.3　二阶系统的欠阻尼响应

模值 $\sigma$ 决定了欠阻尼响应的衰减速度,$\sigma$ 越大,响应衰减得越快;欠阻尼响应过程的偏差 $e(t)$ 随时间推移逐渐衰减,最终趋于零。

在欠阻尼响应中,当 $0.4 < \zeta < 0.8$ 时的响应过程不仅具有比 $\zeta = 1$ 时更短的调节时间,而且振荡程度也不严重。因此,在工程上,一般希望二阶系统在 $0.4 < \zeta < 0.8$ 的欠阻尼状态下工作,因为在这种状态下将获得一个振荡特性适度、调节时间较短的响应过程。另外,对于有些不允许时间响应出现超调,而又希望响应速度较快的情况,例如在指示仪表系统和记录仪表系统中,需要采用临界阻尼或过阻尼系统。

## 2.4.3 二阶系统阶跃响应的性能指标

根据动态性能指标定义,由欠阻尼二阶系统的单位阶跃响应推导出动态性能指标的解析表达式。为便于说明改善系统动态性能的方法,通常用到欠阻尼二阶系统的若干特征参量:衰减系数 $\sigma$ 是闭环极点到虚轴之间的距离;阻尼振荡频率 $\omega_d$ 是闭环极点到实轴之间的距离;自然频率 $\omega_n$ 是闭环极点到坐标原点之间的距离;$\omega_n$ 与负实轴夹角的余弦正好是阻尼比,即

$$\zeta = \cos\beta \qquad (2.4.11)$$

式中,$\beta$ 称为阻尼角。

### 1. 上升时间 $t_r$

系统输出量从零首次达到稳态值的时间为上升时间 $t_r$:

$$t_r = \frac{\pi - \theta}{\omega_d} \qquad (2.4.12)$$

### 2. 峰值时间 $t_p$

峰值时间 $t_p$ 为响应第一次达到峰值的时间:

$$t_p = \frac{\pi}{\omega_d} = \frac{\pi}{\omega_n \sqrt{1 - \zeta^2}} \qquad (2.4.13)$$

### 3. 超调量 $\sigma\%$

将峰值时间 $t_p$ 代入单位阶跃响应计算公式,求得响应最大值。然后根据超调量定义得到

$$\sigma\% = e^{-\frac{\pi\zeta}{\sqrt{1-\zeta^2}}} \times 100\% \qquad (2.4.14)$$

### 4. 调节时间 $t_s$

调节时间 $t_s$ 的计算式为

$$t_s \geq \frac{1}{\zeta\omega_n} \ln \frac{1}{\Delta\sqrt{1-\zeta^2}} \qquad (2.4.15)$$

若取 $\Delta = 0.05, 0 < \zeta < 0.9$,则调节时间的计算式可近似写为

$$t_s \approx \frac{3}{\zeta\omega_n} \qquad (2.4.16)$$

若取 $\Delta = 0.02, 0 < \zeta < 0.9$，则调节时间的计算式可近似写为

$$t_s \approx \frac{4}{\zeta \omega_n} \tag{2.4.17}$$

调节时间与闭环极点的实部数值成反比。闭环极点与虚轴的距离越远，系统的调节时间越短。由于阻尼比值主要根据对系统超调量的要求来确定，所以调节时间主要由自然频率决定。阻尼比不变，增加自然频率，则不改变超调量而缩短调节时间。

### 2.4.4 二阶系统性能改善

由二阶系统响应特性的分析和性能指标的计算可以看出，通过调整二阶系统的两个特征参数 $\zeta$ 和 $\omega_n$，可以改善系统的动态性能。但是这种改善是有限度的。在实际控制中，往往需要改变控制系统的结构，通过增加校正环节，来改善系统的控制性能，满足实际控制的要求。通常使用的校正方法有比例-微分校正和测速反馈校正。

#### 1. 比例-微分校正

具有比例-微分控制的二阶系统如图 2.4.4 所示，和标准的二阶控制系统相比，该系统增加了一个微分环节。其中，$T_d$ 为微分时间常数。

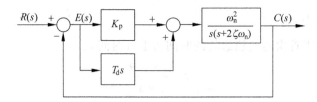

图 2.4.4 比例-微分控制系统

系统的开环传递函数：

$$G(s) = (K_p + T_d s) \frac{\omega_n^2}{s(s + 2\zeta\omega_n)} = \frac{K\left(\frac{T_d}{K_p}s + 1\right)}{s\left(\frac{s}{2\zeta\omega_n} + 1\right)} \tag{2.4.18}$$

式中，$K = K_p \omega_n / 2\zeta$，称为开环增益。则系统的闭环传递函数为

$$\Phi(s) = \frac{(K_p + T_d s)\omega_n^2}{s^2 + (2\zeta\omega_n + T_d\omega_n^2)s + K_p\omega_n^2} = \frac{\omega_n^2 T_d(s + K_p/T_d)}{s^2 + 2\zeta_d\omega_n s + K_p\omega_n^2} \tag{2.4.19}$$

式中

$$\zeta_d = \frac{1}{\sqrt{K_p}}\left(\zeta + \frac{1}{2}\omega_n T_d\right) \tag{2.4.20}$$

系统增加一个微分环节并不影响系统的稳态误差，不改变系统的自然频率，但是增大系统的等效阻尼比，抑制了振荡，使超调减弱，从而容许选用较大的开环增益，改善系统的动态性能和稳态精度。增大比例项 $K_p$ 的值，可减小稳态误差，以满足控制系统的要求；而 $K_p$ 值的增大会使 $\zeta_d$ 变小，可以通过适当增大 $T_d$ 值使 $\zeta_d$ 保持在 $0.4 \sim 0.8$ 之间，以保证系统有较小的超调量。通过适当调节微分时间常数 $T_d$ 和比例系数 $K_p$ 的值，既可减小系统在斜坡输入时的稳态误差，又可使系统在阶跃输入时有满意的动态性能。这种控制方法，又称为 PD 控制。

从控制系统的零、极点角度来看,比例-微分控制给系统增加了一个闭环零点,故比例微分控制的二阶系统称为有零点的二阶系统。应当指出,微分器对于噪声,特别是高频噪声的放大作用,远大于对缓慢变化输入信号的放大作用,因此在系统输入噪声较强的情况下,不宜采用比例-微分控制。

### 2. 测速反馈控制

将输出量的速度信号采用负反馈形式,反馈到输入端并与误差信号比较,构成一个内回路,称为测速反馈控制。测速反馈控制也是通过在系统中引入微分环节来校正系统,以提高系统的控制性能,其区别在于测速反馈校正是利用系统输出量的微分信号进行校正的。测速反馈控制的二阶系统结构图如图 2.4.5 所示。

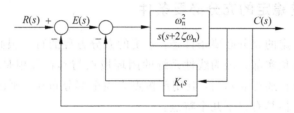

图 2.4.5　测速反馈控制的二阶系统

系统的开环传递函数为

$$G(s) = \frac{\omega_n}{2\zeta + K_t\omega_n} \cdot \frac{1}{s[s/(2\zeta\omega_n + K_t\omega_n^2) + 1]} = \frac{\omega_n^2}{s^2 + 2\zeta\omega_n s + K_t\omega_n^2 s} \quad (2.4.21)$$

式中,开环增益为

$$K = \frac{\omega_n}{2\zeta + K_t\omega_n} \quad (2.4.22)$$

系统的闭环传递函数为

$$\Phi(s) = \frac{\omega_n^2}{s^2 + 2\zeta'\omega_n s + \omega_n^2} \quad (2.4.23)$$

式中

$$\zeta' = \zeta + \frac{1}{2}\omega_n K_t \quad (2.4.24)$$

测速反馈不影响系统的自然频率,但会使系统的阻尼比增大,降低系统的开环增益,从而加大系统在斜坡输入时的稳态误差。设计测速反馈系统时,可以适当增大原系统的开环增益,以弥补稳态误差的损失,同时适当选择测速反馈系数 $K_t$,使阻尼比 $\zeta'$ 保持在 $0.4 \sim 0.8$ 之间,从而满足给定的各项动态性能指标。

## 2.5　线性系统的稳定性分析

控制系统是否稳定,是决定其是否能正常工作的前提条件。任何不稳定系统,在工程上都是毫无使用价值的。

## 2.5.1　稳定性的基本概念

任何系统在扰动作用下都会偏离原平衡状态,产生初始偏差。所谓稳定性,是指系统在扰动消失后,由初始偏差状态恢复到原平衡状态的性能。在分析线性系统的稳定性时,所关心的是系统的运动稳定性,即在不受任何外界输入作用下,系统方程的解在时间 $t$ 趋于无穷时的渐近行为。因而,根据李雅普诺夫稳定性理论,线性控制系统的稳定性可叙述如下:若线性控制系统在初始扰动的影响下,其动态过程随时间的推移逐渐衰减并趋于零(原平衡工作点),则称系统渐近稳定,简称稳定;反之,若在初始扰动影响下,系统的动态过程随时间的推移而发散,则称系统不稳定。

## 2.5.2　线性系统稳定的充分必要条件

线性定常系统稳定的充分必要条件是:系统的微分方程的特征根必须全部分布在 $s$ 平面的左半平面而具有负实部。因为线性系统的闭环极点与其特征根是相同的,所以线性系统稳定的充分必要条件还可表示为:其闭环极点必须全部分布在 $s$ 平面的左半平面。

线性系统的稳定性具有以下几个特点:

(1) 线性系统的稳定性只取决于系统内部的结构和参数,而与初始条件和外作用的大小和形式无关。

(2) 稳定的线性定常系统的脉冲响应必是收敛的。反之,不稳定的线性定常系统的脉冲响应将随着时间的推移而发散。

(3) 稳定的线性定常系统对幅值有界的输入信号的响应必为幅值有界的,这是因为响应过程的暂态分量随时间推移而衰减至零。

(4) 如果系统的特征根中有一个或一个以上零实部根,而其余特征根具有负实部,则暂态响应趋于常数或等幅振荡,系统临界稳定。

判断系统的稳定性,最直接的方法是求出系统的全部闭环特征根。但是求解高阶方程的特征根是很困难的。工程上,一般都是采用间接的方法判断系统稳定性。劳斯判据是最常用的一种间接判别系统稳定性的代数稳定判据。

## 2.5.3　劳斯-赫尔维茨稳定判据

劳斯-赫尔维茨判据,又叫代数判据,其功能是判断一个代数多项式有几个零点位于 $s$ 平面的右半平面,从而决定系统的稳定性。由于不必求解方程,为系统的稳定性的判断带来了极大的便利。

### 1. 劳斯稳定判据

应用闭环特征方程各项的系数列写劳斯表,劳斯表各行第一列元素的符号变化次数,即为系统闭环不稳定的根的个数。假若劳斯表中第一列系数均为正数,则该系统是稳定的,即特征方程所有的根均位于根平面的左半平面。假若第一列系数有负数,则第一列系数符号的改变次数等于在右半平面上根的个数。劳斯判据不仅可以判定系统的绝对稳定性,而且也可检验系统是否有一定的稳定裕量,即相对稳定性,还可用来分析系统参数对稳定性的影响和鉴别延滞系统的稳定性。劳斯判据也有其局限性，如果系统不稳定，则判据并不能直接指出使系统稳定的方法；如果系统稳定，则劳斯判据也不能保证系统具备满意的动态性能。换句话说，劳斯判据不能表明系统特征根在 $s$ 平面上相对于虚轴的距离。

### 2. 赫尔维茨稳定判据

系统稳定的充分必要条件是：特征方程的赫尔维茨行列式全部为正。赫尔维茨判据和劳斯判据实质具有等价性。

### 3. 相对稳定性和稳定裕量

劳斯判据或赫尔维茨判据可以判定系统是否稳定，即判定系统的绝对稳定性。如果一个系统负实部的特征根非常靠近虚轴，尽管系统满足稳定条件，但动态过程将具有过大的超调量或响应时间过长，甚至由于系统内部参数变化，特征根会转移到 $s$ 平面的右半平面，导致系统不稳定。为此，需研究系统的相对稳定性，也就是系统的稳定裕量，即一个稳定的控制系统距临界稳定状态还有多大的裕度。即系统特征根在 $s$ 平面的左半平面与虚轴有一定距离，称之为稳定裕量。

研究系统稳定裕量同样可以用到以上两种判据，通常将 $s$ 平面的虚轴左移一个距离 $\delta$，得到新的复平面 $s_1$，即令 $s_1 = s + \delta$，得到以 $s_1$ 为变量的新特征方程，再利用代数判据判断其方程式的稳定性，若新特征方程式的所有根均在 $s_1$ 平面的左半平面，则说明原系统不但稳定，而且所有特征根都位于 $s = -\delta$ 直线的左侧，$\delta$ 称为系统的稳定裕量。

# 2.6　线性系统的稳态误差

控制系统的稳态误差，是系统控制准确度（控制精度）的一种度量，通常称为稳态性能。对稳态误差定义为稳定系统误差信号的终值。稳态误差既和系统的结构和参数有关，也取决于外作用的形式和大小。如一个实际的控制系统由于系统结构、输入作用的类型（控制量或扰动量）、输入函数的形式不同以及系统中不可避免地存在摩擦、间隙、不灵敏区、零位输出等非线性因素，都会造成稳态误差。只有当系统稳定时，研究稳态误差才有意义。

## 2.6.1　误差分析及计算

### 1. 误差系统结构图

典型的反馈控制系统结构图如图 2.6.1 所示，其中误差 $e(t)$ 是输入信号和反馈信号之差，$E(s)$ 是 $e(t)$ 的拉氏变换。

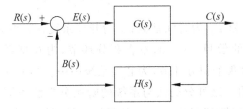

图 2.6.1　反馈控制系统结构图

### 2. 稳态误差的计算

1）计算方法

（1）根据定义求解，即 $e_{ss} = \lim\limits_{t \to \infty} e(t)$。

（2）终值定理求解，即 $e_{ss} = \lim\limits_{s \to 0} sE(s)$。

（3）利用静态误差系数导出的有关公式计算。

利用终值定理计算稳态误差比直接求解误差响应 $e(t)$ 简单得多。

2）终值定理及应用条件

（1）终值定理

$$\lim_{t \to \infty} f(t) = \lim_{s \to 0} sF(s) \tag{2.6.1}$$

式中，$F(s)$ 为时间函数 $f(t)$ 的拉氏变换。应用终值定理计算稳态误差为

$$e_{ss} = \lim_{t \to \infty} e(t) = \lim_{s \to 0} sE(s) \tag{2.6.2}$$

（2）应用条件

误差的相函数在 $s$ 平面的右半平面及虚轴上（原点除外）解析。

3）终值定理求解稳态误差的步骤

（1）判断系统稳定性。只有相对稳定的系统计算稳态误差才有意义。

（2）根据误差定义求出系统误差的传递函数。

（3）分别求出系统对给定输入和对扰动输入的误差函数。

（4）用拉氏变换的终值定理计算系统的稳态误差。

对阶跃、斜坡、抛物线三种经典函数及其组合作用，也可利用静态误差系数和系统的型别计算稳态误差。工程上常根据输入信号的形式实现给定无稳态误差的近似补偿。

## 2.6.2 系统类型

任何实际的控制系统，对于某些类型的输入往往是允许稳态误差存在的。一个系统对于阶跃输入可能没有稳态误差，但对于斜坡输入却可能出现一定的稳态误差，而能够消除这个误差的方法是改变系统的参数和结构。对于某一类型的输入，系统是否会产生稳态误差，取决于系统的开环传递函数的形式。

设系统的开环传递函数为

$$G(s)H(s) = \frac{K \prod\limits_{i=1}^{m} (\tau_i s + 1)}{s^{\nu} \prod\limits_{j=1}^{n-\nu} (T_j s + 1)} \tag{2.6.3}$$

式中，$K$ 为开环增益；$\tau_i$ 和 $T_j$ 为时间常数；$\nu$ 为开环系统在 $s$ 平面坐标原点上的极点的重数，也表示串联积分环节的数目。$\nu=0$，不含积分环节，为 0 型系统；$\nu=1$，含一个积分环节，为 I 型系统；$\nu=2$，含两个积分环节，为 II 型系统……。当 $\nu>2$ 时，除复合控制系统外，使系统稳定是相当困难的。这种分类法与系统的阶次分类法不同。当增加类型的数值时，系统的准确度提高，但稳定性却变差。$\nu>2$ 的系统一般不做研究。

## 2.6.3　给定信号作用下的稳态误差

### 1. 阶跃输入作用下的稳态误差与静态位置误差系数

设 $r(t)=R_0 \cdot 1(t)$，其中，$R_0$ 为常量，表示阶跃输入函数的幅值，则 $R(s)=R_0/s$，可求得系统的稳态误差为

$$e_{ss}=\frac{R_0}{1+\lim\limits_{s \to 0}G(s)H(s)} \tag{2.6.4}$$

定义系统的静态位置误差系数为

$$K_p=\lim\limits_{s \to 0}G(s)H(s) \tag{2.6.5}$$

则用静态位置误差系数 $K_p$ 表示的稳态误差为

$$e_{ss}=\frac{R_0}{1+K_p} \tag{2.6.6}$$

对于阶跃输入信号，不同系统的误差系数及稳态误差为

0 型系统　　　　　　$K_p=K$　　　　　　$e_{ss}=\dfrac{R_0}{1+K_p}=$ 常数

Ⅰ 型系统　　　　　　$K_p=\infty$　　　　　　$e_{ss}=0$

Ⅱ 型系统　　　　　　$K_p=\infty$　　　　　　$e_{ss}=0$

如果在反馈控制系统的前向通道中没有积分环节，则系统对阶跃信号的响应将包含稳态误差。如果允许阶跃信号的微小误差存在，则开环放大倍数 $K$ 足够大时，可采用 0 型系统，但是相对稳定性就不一定能保证。如果要求阶跃信号的稳态误差为零，则必须采用 Ⅰ 型以上系统。

### 2. 斜坡输入作用下的稳态误差与静态位置误差系数

设 $r(t)=Rt$，其中，$R$ 为速度输入函数的斜率，则 $R(s)=R/s^2$，可求得系统的稳态误差为

$$e_{ss}=\lim\limits_{s \to 0}\frac{s}{1+G(s)H(s)} \cdot \frac{R}{s^2}=\lim\limits_{s \to 0}\frac{R}{sG(s)H(s)} \tag{2.6.7}$$

静态速度误差系数 $K_v$ 定义为

$$K_v \stackrel{\text{def}}{=} \lim\limits_{s \to 0}sG(s)H(s) \tag{2.6.8}$$

用静态速度误差系数表示的静态误差为

$$e_{ss}=\frac{R}{K_v} \tag{2.6.9}$$

对于斜坡输入信号，不同系统的误差系数及稳态误差为

0 型系统　　　　　　$K_v=0$　　　　　　$e_{ss}=\infty$

Ⅰ 型系统　　　　　　$K_v=K$　　　　　　$e_{ss}=\dfrac{R}{K}$

Ⅱ 型及以上系统　　　$K_v=\infty$　　　　　$e_{ss}=0$

由于 0 型系统输出信号的速度总是小于输入信号的速度，因此两者间的差距不断增大，从而导致 0 型系统的输出不能跟踪斜坡输入信号；Ⅰ 型系统能跟踪斜坡输入信号，但有稳

态误差存在,增大开环放大倍数 $K$ 可以减小误差;Ⅱ型系统或高于Ⅱ型的系统因在稳态下的误差等于零,故能准确地跟踪斜坡输入。

### 2.6.4 提高系统稳态精度的方法

（1）构成系统的元件,特别是反馈回路中的元件参数具有一定的精度和稳定性,必要时采取误差补偿措施。

（2）增大系统的开环增益,提高系统对给定输入的跟踪能力;增大扰动作用点以前的前向通道增益以减小扰动稳态误差。

（3）在控制系统的前向通路中增加一个或多个积分环节,提高系统的类型数,可以消除或减小系统的稳态误差。

（4）引入校正环节或补偿环节,改变控制系统的结构,来改善控制系统的稳态性能和动态性能。

## 2.7　MATLAB 在时域分析中的应用

利用 MATLAB 程序设计语言可以方便、快捷地对控制系统进行时域分析。由于控制系统稳定性取决于系统闭环极点的位置,若要判断系统稳定性,只需求出系统的闭环极点分布情况;利用 MATLAB 命令可快速求解和绘制出系统零极点位置;若分析系统动态性能,只需绘制出系统的响应曲线即可。

**例 2.7.1**　系统的传递函数如下,绘制其单位阶跃响应曲线。

$$G(s) = \frac{8}{s^2 + 2s + 8}$$

**解**：MATLAB 程序如下：

```
n = [8]; d = [1,2,8];
t = 0:0.1:6;
step(n,d,t)
```

得到系统的阶跃响应曲线如图 2.7.1 所示。

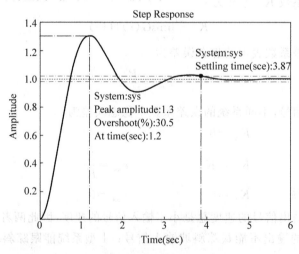

图 2.7.1　系统的阶跃响应曲线

在调用 step 函数产生的阶跃响应曲线图中,若要观察曲线上某点的时间 $t$ 及响应值,只需在曲线上单击即可;超调量及调节时间这些关键点信息可通过右键调出"Peak Response"和"Settling Time"这些属性显示出来。

**例 2.7.2**　已知单位负反馈系统的开环传递函数如下,试绘制系统 $k$ 分别为 1.2、2.3、4 时的单位阶跃响应曲线,并计算 $k=1.4$ 时系统的单位阶跃响应性能指标。

$$G(s) = \frac{k}{s(0.5s+1)(4s+1)}$$

**解**:MATLAB 程序如下:

```
n = 1;d = conv(conv([1,0],[0.5,1]),[4,1]);
rangek = [1.2,2.3,4];
t = linspace(0,20,200);
for j = 1:3
s1 = tf(n * rangek(j),d);
sys = feedback(s1,1);
y(:,j) = step(sys,t);
end
plot(t,y(:,1:3)),grid
gtext('k = 1.2'),gtext('k = 2.3'),gtext('k = 4')
```

执行程序后,得到如图 2.7.2 所示标注对应参数的三条单位阶跃响应曲线。由曲线可以看出,当 $k=1.2$ 时,阶跃响应衰减振荡,系统稳定;当 $k=2.3$ 时,阶跃响应等幅振荡,系统临界稳定;当 $k=4$ 时,阶跃响应振荡发散,系统不稳定。

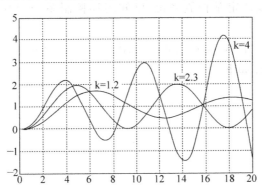

图 2.7.2　系统的三条阶跃响应曲线

计算 $k=1.4$ 时系统的单位阶跃响应性能指标,程序如下:

```
n1 = 1.4; d1 = conv(conv([1,0],[0.5,1]),[4,1]);
s1 = tf(n1,d1);sys = feedback(s1,1);
step(sys); [y,t] = step(sys)
```

执行程序后,可得到如图 2.7.3 所示单位阶跃响应曲线。也可编写简单程序计算出系统动态性能指标如下:

```
sigma = 76.6          % 超调量
tp = 5.9              % 峰值时间
ts = 84.9             % 调节时间
```

```
ess = - 0.002        % 阶跃响应误差
b1 = 0.7682          % 第一正向波峰值
b2 = 0.4876          % 第二正向波峰值
n = 1.5755           % 阶跃响应衰减比
pusi = 0.3653        % 阶跃响应衰减率
T = 11.08            % 阶跃响应衰减振荡周期
f = 0.09             % 阶跃响应振荡频率
```

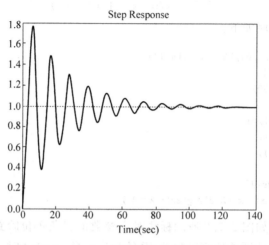

图 2.7.3　$k = 1.4$ 时系统的单位阶跃响应曲线

**例 2.7.3**　对于线性定常控制系统,已知闭环控制系统特征方程如下,判断系统稳定性。

$$D(s) = s^5 + 4s^4 + 3s^3 + s^2 + 5s + 6 = 0$$

**解**:MATLAB 程序如下:

```
n = [1,4,3,1,5,6];
roots(n)
```

运行结果为:

```
ans =
  - 3.0000
  0.6287 + 0.9512i
  0.6287 - 0.9512i
  - 1.1287 + 0.5143i
  - 1.1287 - 0.5143i
```

由结果可知系统有两个根在 $s$ 平面的右半平面上,所以系统不稳定。

**例 2.7.4**　已知单位负反馈系统的开环传递函数如下,用 MATLAB 分析该系统的阶跃时域响应的解析解,并判断系统的稳定性。

$$G(s) = \frac{s+1}{(s-2)(s+2)(s+4)^2}$$

**解**:MATLAB 程序如下:

```
n = [1,1];
```

```
d = conv([1, - 2],conv([1,2],conv([1,4],[1,4])));
[r,p,k] = residue(n,[d,0])
```

运行结果为：

```
r =

    0.0365
    0.0625
  - 0.0313
    0.0104
  - 0.0156


p =

  - 4.0000
  - 4.0000
  - 2.0000
    2.0000
         0


k =

    []
```

因为阶跃输入的拉氏变换为 $R(s) = \dfrac{1}{s}$，所以输出信号的拉氏变换可以写成 $C(s) = \dfrac{G(s)}{s}$。在 MATLAB 命令中，可以用 $[n,d,0]$ 表示 $C(s)$ 信号的分子和分母。

得到的解析解表示为：
$$c(t) = 0.0365e^{-4t} + 0.0625te^{-4t} - 0.0313e^{-3t} + 0.0104e^{t} - 0.0156$$

可以看到，在解析解中有一项为 $0.0104e^{t}$，在时间趋于无穷大时该值也趋于无穷大，从而使 $c(t)$ 趋于无穷大，故系统不稳定。

# 线性系统的根轨迹法

## 3.1 根轨迹法基本知识

### 3.1.1 根轨迹法的概念

根轨迹简称根迹,它是开环系统某一参数从零变到无穷时,闭环系统特征方程式的根在 $s$ 平面上变化的轨迹。

当闭环系统没有零点与极点相消时,闭环特征方程式的根就是闭环传递函数的极点,常简称为闭环极点。因此,从已知的开环零点、极点位置及某一变化的参数来求取闭环极点的分布,实际上就是解决闭环特征方程式的求根问题。因为系统的稳定性由系统闭环极点唯一确定,而系统的稳态性能和动态性能又与闭环零、极点在 $s$ 平面上的位置密切相关,所以根轨迹图不仅可以直接给出闭环系统时间响应的全部信息,而且可以指明开环零、极点应该怎样变化才能满足给定的闭环系统的性能指标要求。除此之外,用根轨迹法求解高阶代数方程的根,比用其他近似求根法简便。根轨迹法的基本任务在于,如何由已知的开环零点、极点的分布及根轨迹增益,通过图解的方法找出闭环极点。

### 3.1.2 根轨迹与系统性能

#### 1. 根轨迹与稳定性

当系统开环增益从零变到无穷时,若根轨迹不会越过虚轴进入 $s$ 右半平面,那么系统对所有的 $K$ 值都是稳定的;若根轨迹越过虚轴进入 $s$ 右半平面,那么根轨迹与虚轴交点处的 $K$ 值,就是临界开环增益。应用根轨迹法,可以迅速确定系统在某一开环增益或某一参数下的闭环零、极点位置,从而得到相应的闭环传递函数。

#### 2. 二阶系统根轨迹的一般规律

若闭环极点为复数极点,则系统为欠阻尼系统,单位阶跃响应为阻尼振荡过程,且超调量将随 $K$ 值的增大而增大,但调节时间的变化不显著。

若闭环两个实数极点重合,则系统为临界阻尼系统,单位阶跃响应为非周期过程,但是响应速度较过阻尼快。

若所有闭环极点位于实轴上,则系统为过阻尼系统,单位阶跃响应为非周期过程。

### 3. 根轨迹与系统性能的定性分析

稳定性：如果闭环极点全部位于 $s$ 左半平面，则系统一定是稳定的，即稳定性只与闭环极点的位置有关，而与闭环零点位置无关。

运动形式：如果闭环系统无零点，且闭环极点为实数极点，则时间响应一定是单调的；如果闭环极点均为复数极点，则时间响应一般是振荡的。

超调量：超调量主要取决于闭环复数主导极点的衰减率，并与其他闭环零、极点接近坐标原点的程度有关。

调节时间：调节时间主要取决于最靠近虚轴的闭环复数极点的实部绝对值；如果实数极点距虚轴最近，并且它附近没有实数零点，则调节时间主要取决于该实数极点的模值。

实数零、极点影响：零点减小闭环系统的阻尼，从而使系统的峰值时间提前，超调量增大；极点增大闭环系统的阻尼，使系统的峰值时间滞后，超调量减小。而且这种影响将随接近坐标原点的程度而加强。

偶极子：如果零、极点之间的距离比它们本身的模值小一个数量级，则它们就构成偶极子。远离原点的偶极子，其影响可以忽略，反之，必须考虑。

主导极点：在 $s$ 平面上最靠近虚轴而附近又无闭环零点的一些闭环极点，对系统性能影响最大，称为主导极点。凡是比主导极点的实部大 3～6 倍以上的其他闭环零、极点，其影响可以忽略。

## 3.1.3　根轨迹方程

根轨迹是系统所有闭环极点的集合。为了用图解法确定所有闭环极点，令闭环传递函数 $\Phi(s)=\dfrac{G(s)}{1+G(s)H(s)}$ 的分母为零，得闭环系统特征方程为

$$1+G(s)H(s)=0 \tag{3.1.1}$$

当系统有 $m$ 个开环零点和 $n$ 个开环极点时，式(3.1.1)等价为

$$K^{*}\frac{\displaystyle\prod_{j=1}^{m}(s-z_{j})}{\displaystyle\prod_{i=1}^{n}(s-p_{i})}=-1 \tag{3.1.2}$$

式(3.1.2)中，$z_{j}$ 为已知的开环零点；$p_{i}$ 为已知的开环极点；$K^{*}$ 从零变到无穷。

式(3.1.2)称为根轨迹方程。根据式(3.1.2)，可以画出当 $K^{*}$ 从零变到无穷时，系统的连续根轨迹。应当指出，只要闭环特征方程可以化成式(3.1.2)的形式，都可以绘制根轨迹，其中处于变动地位的实参数，不限定是根轨迹增益 $K^{*}$，也可以是系统其他变化参数。但是，用式(3.1.2)的形式表达的开环零点和开环极点，在 $s$ 平面上的位置必须是确定的，否则无法绘制根轨迹。此外，如果需要绘制一个以上参数变化时的根轨迹图，那么画出的不再是简单根轨迹，而是根轨迹簇。

根轨迹方程实质上是一个向量方程，直接使用很不方便。考虑到

$$-1=1\mathrm{e}^{\mathrm{j}(2k+1)\pi}, \quad k=0,\pm1,\pm2,\cdots$$

因此,根轨迹方程式(3.1.2)可用如下两个方程描述:

$$\sum_{j=1}^{m} \angle (s - z_j) - \sum_{i=1}^{n} \angle (s - p_i) = (2k+1)\pi, \quad k = 0, \pm 1, \pm 2, \cdots \quad (3.1.3)$$

和

$$K^* = \frac{\prod_{i=1}^{n}(s - p_i)}{\prod_{j=1}^{m}(s - z_j)} \quad (3.1.4)$$

式(3.1.3)和式(3.1.4)是根轨迹上的点应该同时满足的两个条件,前者称为相角条件,后者称为模值条件。根据两个条件,可以完全确定 $s$ 平面上的根轨迹和根轨迹上对应的 $K^*$ 值。应当指出,相交条件是确定 $s$ 平面上根轨迹的充分必要条件。这就是说,绘制根轨迹时,只需要使用相角条件;而当需要确定根轨迹上各点的 $K^*$ 值时,才使用模值条件。

### 3.1.4　根轨迹绘制基本法则

1) 根轨迹的连续性、对称性和分支数

根轨迹具有连续性,并且对称于实轴,其分支数等于开环极点数 $n$。

2) 根轨迹的起点和终点

$n$ 条根轨迹起始于开环极点,$m$ 条根轨迹终止于开环零点,$n-m$ 条根轨迹终止于无穷远处。

3) 实轴上的根轨迹

实轴上具有根轨迹区间,其右侧实轴上开环系统的零点数与极点数的总和必为奇数。

4) 根轨迹的渐近线

如果 $n>m$,则有 $n>m$ 条渐近线与实轴的交点为 $(-\sigma_a, 0)$,$\sigma_a = \dfrac{\sum\limits_{j=1}^{n} P_j - \sum\limits_{i=1}^{m} z_i}{n-m}$。夹角为 $\varphi_a = \dfrac{(2k+1)\pi}{n-m}(k=0,1,\cdots,n-m-1)$。

5) 根轨迹的分离点与会合点

若实轴上两相邻开环极点之间有根轨迹,则该两极点之间必有分离点;若实轴上两相邻开环零点(一个可为无穷远零点)之间有根轨迹,则该两零点之间必有会合点。分离点或会合点上根轨迹的切线与实轴的夹角称为分离角。

分离角 $\varphi_d$ 与分离点处根轨迹的支数 $l$ 的关系为

$$\varphi_d = \frac{(2k+1)\pi}{l}, \quad k = 0, 1, 2, \cdots, l-1 \quad (3.1.5)$$

6) 根轨迹的出射角和入射角

根轨迹离开复数极点的出发角为出射角,开环复数极点 $p_i$ 处根轨迹的出射角为

$$\varphi_{pi} = \pm 180°(2k+1) + \sum_{q=1}^{m} \angle(p_i - z_q) - \sum_{n} \angle(p_i - p_j), \quad k = 0, 1, \cdots \quad (3.1.6)$$

根轨迹趋于复数零点的终止角为入射角,开环复数零点 $z_i$ 处根轨迹的入射角为

$$\varphi_{zi} = \pm 180°(2k+1) + \sum_m \angle(z_i - z_q) - \sum_{j=1}^n \angle(p_i - p_j), \quad k = 0, 1, \cdots \quad (3.1.7)$$

7) 根轨迹与虚轴的交点

根轨迹可能与虚轴相交,交点坐标 $\omega$ 和相应的 $K_g$ 可由劳斯判据求得,即在劳斯表中,令 $s^1$ 行等于零,并用 $s^2$ 行的系数构成辅助方程,求得共轭虚根与根轨迹增益。或特征方程中令 $s = j\omega$,使特征方程的实部和虚部分别为零求得。

8) 闭环极点之和与闭环极点之积

当 $n \geq m+2$,闭环系统极点之和等于开环系统极点之和,且为常数,即

$$\sum_{j=1}^n s_j = \sum_{j=1}^n p_j \quad (3.1.8)$$

闭环极点之积与开环零极点的关系为: $\prod_{j=1}^n s_j = \prod_{j=1}^n p_j + K_g \prod_{i=1}^m z_i$。

## 3.2 根轨迹的绘制与分析

利用 MATLAB 软件可以方便地绘制精确的根轨迹图,并且获取关键点的相关参数。绘制根轨迹相关的 MATLAB 函数如下:

(1) MATLAB 提供 pzmap() 函数来绘制系统的零极点分布图,其调用格式为:

```
pzmap(num,den)          % 计算零极点并作图
[p,z] = pzmap(num,den)   % 返回变量格式,计算所得的零极点 p,z,返回至 MATLAB 命令窗口,不作图
```

给定单输入/单输出(SISO)系统的传递函数为:

$$G(s) = \frac{\text{num}(s)}{\text{den}(s)} \quad (3.2.1)$$

分子多项式系数向量为 num,分母多项式系数向量为 den,在 $s$ 平面上作零极点图,极点用 "×" 表示,零点用 "○" 表示。极点是微分方程的特征根,因此,决定了所描述系统自由运动的模态。零点距极点的距离越远,该极点所产生的模态所占比重越大;零点距极点的距离越近,该极点所产生的模态所占比重越小,如果零极点重合则该极点所产生的模态为零,因为零极点相互抵消。

**例 3.2.1** 已知系统的开环传递函数 $G(s) = \dfrac{s^2 + 5s + 5}{(s^2 + s)(s^2 + 2s + 2)}$,绘制系统的零极点图。

程序如下:

```
>> num = [1,5,5];
>> den = conv([1,1,0],[1,2,2]);
>> pzmap(num,den)
```

零极点图如图 3.2.1 所示。

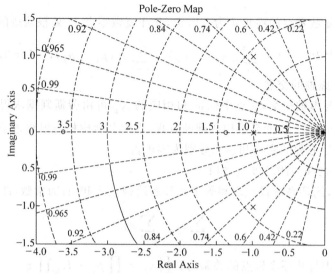

图 3.2.1 例 3.2.1 的运行结果

（2）MATLAB 提供了 rlocus() 函数来绘制系统的根轨迹，rlocus 函数的调用格式为：

```
rlocus(num,den)        % 根轨迹增益 k 的范围自动设定
rlocus(num,den,k)      % 根轨迹增益 k 的范围可以人工设定
r = rlocus(num,den)    % 返回变量格式,计算所得的闭环系统的特征根 r, 返回至 MATLAB 命令窗
                       % 口,不作图
[r,k] = rlocus(num,den) % 返回变量格式,计算所得的闭环系统的特征根 r 和对应的开环增益值 k,
                       % 返回 MATLAB 命令窗口,不作图
```

在 MATLAB 绘制根轨迹之前，必须把系统数学模型整理成标准根轨迹方程：

$$G_0(s) = K\frac{\text{num}(s)}{\text{den}(s)} = -1 \tag{3.2.2}$$

式中，$K$ 为根轨迹增益；num 为系统开环传递函数 $G_0(s)$ 的分子多项式系数向量；den 为系统开环传递函数 $G_0(s)$ 的分母多项式系数向量。

**例 3.2.2** 已知系统的开环传递函数 $G(s) = K\dfrac{s+1}{s^3 + 4s^2 + 2s + 9}$，绘制系统常规根轨迹。

程序如下：

```
>> num = [1,1];
>> den = [1,4,2,9];
>> rlocus(num,den)
```

可得如图 3.2.2 所示结果。

当鼠标在曲线上滑动时，就会出现根轨迹相关参数的提示，各参数含义如下：

Gain：根轨迹增益 $k$ 的值；

Pole：当前点的坐标值；

Damping：阻尼系数；

Overshoot：超调量；

Frequency：该条根轨迹分支当前点对应的频率值。

（3）MATLAB 提供了 rlocfind() 函数用来在求出的根轨迹图上确定选定点的增益值 $k$ 和闭环根 $r$ 的值，该函数调用格式为：

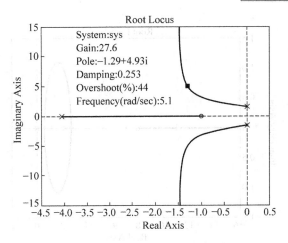

图 3.2.2    例 3.2.2 的运行结果

```
[k,r] = rlocfind(num,den)    % 在作好的根轨迹图上,确定选定闭环系统的特征根位置的增益值 k 和
                             % 闭环系统的特征根 r 的值
```

该函数命令执行前,先执行命令 rlocus(num,den),作出根轨迹图,再执行此命令,出现提示语句"Select a point in the graphics window",要求在根轨迹图上选定闭环系统的特征根的位置。将鼠标移至根轨迹图选定位置,单击左键确定,图上出现"+"标记,在 MATLAB 平台上即得到了该点的增益 $k$ 和闭环系统的特征根 $r$ 的返回变量值。

**例 3.2.3**    已知系统的开环传递函数 $G(s) = \dfrac{K(s^2 + 6s + 8)}{s(s+1)(s+8)}$,试求系统的根轨迹及选定点的增益 $k$ 和闭环根 $r$ 的值。

程序如下:

```
>> num = [1 6 8];
>> den = [1 9 8 0];
>> rlocus(num,den);
>> [k,r] = rlocfind(num,den)
```

结果如图 3.2.3(a)所示,在图上选择点,如图 3.2.3(b)所示。

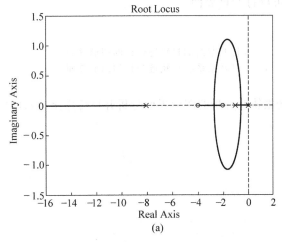

(a)

图 3.2.3    例 3.2.3 的运行结果

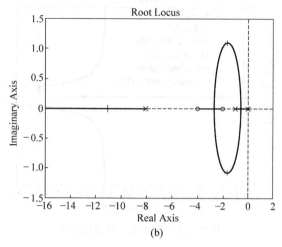

图 3.2.3 （续）

命令窗口中出现：

```
selected_point =
    -1.6469 + 1.0761i
k = 5.4315
r = -11.1374 + 0.000i
    -1.6470 + 1.0903i
    -1.6470 - 1.0903i
```

## 3.3  基于根轨迹的设计工具 rltool

MATLAB 控制系统工具箱提供了一个基于根轨迹的系统设计工具 rltool,该工具为控制系统设计提供了一个交互式环境。它采用图形用户界面,引入对象的模型后就能自动显示根轨迹图,可以可视地在整个前向通路中添加零极点,从而使得控制系统的性能得到改善。

使用 rltool 命令可以打开该界面。

调用格式：

```
rltool              % 打开空白的根轨迹分析的图形界面
rltool(G)           % 打开某系统根轨迹分析的图形界面
```

**例 3.3.1**  用系统根轨迹分析的图形界面分析开环传递函数 $G(s) = \dfrac{1}{s(s+4)(s^2+4s+20)}$ 的根轨迹。

程序如下：

```
>> num = 1;
>> a = [1 0];
>> b = [1 4];
>> c = [1 4 20];
```

```
>> den = conv(a,b);
>> den = conv(den,c);
>> G = tf(num,den);
>> rltool(G)
```

运行程序后,出现如图 3.3.1 所示的"Control and Estimation Tools Manager"窗口,以及如图 3.3.2 所示的"SISO Design for SISO Design Task"窗口。

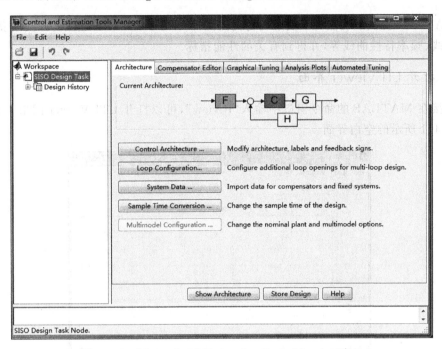

图 3.3.1　"Control and Estimation Tools Manager"窗口

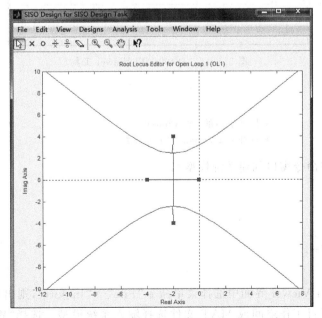

图 3.3.2　"SISO Design for SISO Design Task"窗口

在图 3.3.1 中可以修改系统结构,以及各模块的传递函数,并可以显示伯德(Bode)图、尼柯尔斯(Nichols)图、闭环阶跃响应曲线和闭环极点等多个界面。可以在图 3.3.2 中随意添加开环零点和极点,移动零极点的位置。

# 3.4 线性定常系统仿真环境 LTI Viewer

MATLAB 提供了线性时不变系统仿真的图形工具 LTI Viewer,可以方便地获得各种响应曲线、频率特性曲线等,并得到有关的性能指标。

### 1. 打开 LTI Viewer 界面

直接在 MATLAB 的命令窗口中输入"ltiview",可以打开 LTI Viewer 图形工具,出现如图 3.4.1 所示的空白界面。

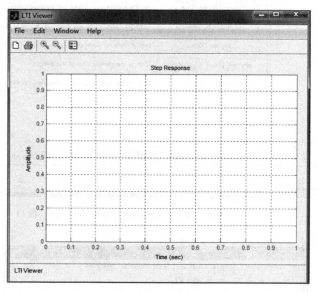

图 3.4.1  空白的 LTI Viewer 工具

调用格式:

```
ltiview                % 打开空白的 LTI Viewer
ltiview(G)             % 打开 LTI Viewer 并显示系统 G
```

**例 3.4.1**  在命令窗口创建系统模型 G。
程序如下:

```
>> num = 2;
>> den = [1 2 3];
>> G = tf(num,den);
>> ltiview
```

在空白的 LTI Viewer 界面中选择菜单命令"File"→"Import",则出现"Import system data"窗口,可以通过工作空间或 MAT 文件选择输入系统模型。选择"Workspace"中的变量 G,则会在 LTI Viewer 窗口中显示该系统的阶跃响应曲线,如图 3.4.2 所示。在图中单击鼠标右键,在出现的快捷菜单中选择"Characteristics"中的"Peak Response"及"Settling Time",则时域性能指标超调量及调节时间都会在曲线上标注出来。把光标放在图 3.4.2 中的峰值位置,就会出现峰值的所有性能指标,可以看到峰值时间以及超调量。

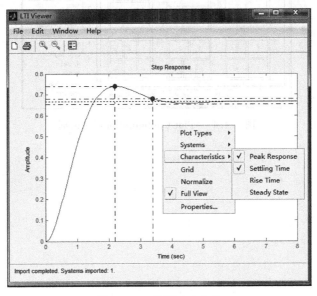

图 3.4.2　阶跃响应曲线

## 2. 界面设置

选择菜单命令"File"→"Toolbox Preferences",可以打开"Control System Toolbox Preferences"对话框以进行参数设置。选择"Options"选项卡,可以看到图 3.4.3 所示界面,其中可以设置过渡过程的误差范围和上升时间范围。

图 3.4.3　"Control System Toolbox Preferences"对话框

当选择菜单命令"Edit"→"Plot Configurations",则打开"Plot Configurations"对话框,如图 3.4.4 所示,在该窗口中可以设置显示的图形名称和个数,可以选择显示两个窗口,窗口显示的类型则在下拉列表中选择,还可以选择频率特性和时域曲线等。

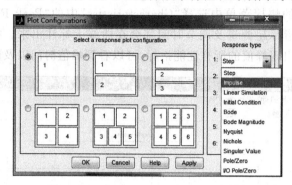

图 3.4.4　"Plot Configurations"对话框

# 第 4 章

# 线性系统的频域分析法

## 4.1　频　率　特　性

时域分析法在系统微分方程已建立的基础上直接求出系统的时间响应,根据时间响应表达式或响应曲线分析系统的性能,但对于高阶或较为复杂的系统难以求解和定量分析;根轨迹分析法是通过研究闭环极点在复平面上的分布来揭示系统运动规律的,特别适用于高阶系统的分析求解,但对于高频噪声问题、数学模型建立等问题仍然无能为力;频域法只在频率域内研究系统的控制规律,利用频率特性进行控制系统的分析和设计,不必求解微分方程就可以预测出系统的性能,又能指出如何调整系统参数来得到预期的性能技术指标,是一种经典实用的工程方法。

### 4.1.1　频率特性的概念

#### 1. 频率响应

当正弦函数信号 $r(t)=A\sin\omega t$ 作用于线性系统时,系统稳定后输出的稳态分量 $c(t)$ 仍然是同频率的正弦信号,但是幅值、相位与输入不同,叫作系统的频率响应。图 4.1.1 所示为系统的正弦输入信号与通过系统之后的稳态输出。

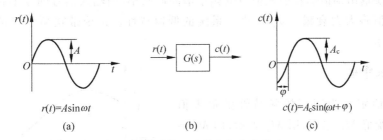

$$r(t)=A\sin\omega t$$

(a)　　　　　　　　　　(b)　　　　　　　　　　$c(t)=A_c\sin(\omega t+\varphi)$

(c)

图 4.1.1　系统正弦输入与稳态输出

#### 2. 频率特性

线性定常系统在正弦输入信号的作用下,稳态输出与输入的复数比叫作系统的频率特性,记为 $G(j\omega)$。对于线性定常系统,由谐波输入产生的输出稳态分量是一个与输入信号同频率的谐波函数,其幅值和相位的变化是频率 $\omega$ 的函数,且与系统数学模型相关。因此,定义输入为谐波信号时,系统的频率特性为

$$G(j\omega) = A(\omega)e^{j\varphi(\omega)} \tag{4.1.1}$$

式中，$A(\omega) = |G(j\omega)|$ 是幅值比，为 $\omega$ 的函数，称为幅频特性；$\varphi(\omega) = \angle G(j\omega)$ 是相位差，为 $\omega$ 的函数，称为相频特性。

系统的频率特性与传递函数之间有着非常简单的关系，即式(4.1.2)，这个结论对一般线性系统都是适合的。频率特性与传递函数、微分方程一样，都包含了系统和元部件全部的结构特性和参数，表征了系统的内在规律。这是频率法从频率特性出发研究系统的理论基础。

$$G(s)\big|_{s=j\omega} = G(j\omega) \tag{4.1.2}$$

## 4.1.2　频域性能指标

常用的频域性能指标为：零频幅值 $M_0$、带宽频率 $\omega_b$、谐振峰值 $M_r$、谐振频率 $\omega_r$，它们在很大程度上能间接表明系统响应过程的品质。

### 1. 零频幅值

零频幅值是指 $\omega = 0$ 时的闭环幅频特性的值，用 $M_0$ 表示。它反映了系统的稳态性能。

零频幅值即直流或常值信号。对于阶跃响应来说，$M_0 = 1$ 表示系统无静差，$M_0 \neq 1$ 表示系统输出有静差。

### 2. 带宽频率

带宽频率定义为闭环幅频特性的幅值减小到 $\frac{1}{\sqrt{2}}M_0$ 时的频率，用 $\omega_b$ 表示。频带越宽，表明系统能通过较高频率的输入信号的能力越强。因此，$\omega_b$ 高的系统，幅频特性曲线由 $M_0$ 到 $\frac{1}{\sqrt{2}}M_0$ 所占据的频率区间就较宽，表明重现输入信号的能力强，反应系统对噪声的滤波特性。系统输出幅值随着输入信号的频率增高而减小，当输入信号的频率超过 $\omega_b$ 时，系统输出的幅值将大大衰减。$\omega_b$ 反映了系统的低通特性。系统带宽频率与带宽示意图如图 4.1.2 所示。

### 3. 谐振峰值

谐振峰值定义为闭环幅频特性的最大值 $M_m$ 与零频幅值 $M_0$ 之比，用 $M_r$ 表示，即 $M_r = \frac{M_m}{M_0}$。它表征系统相对稳定性，一般而言，$M_r$ 越大，系统阶跃响应的超调量也越大。

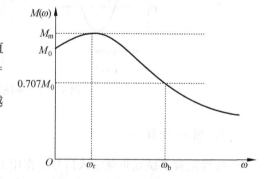

图 4.1.2　系统带宽频率与带宽

### 4. 谐振频率

谐振峰值出现时的频率称为谐振频率，用 $\omega_r$ 表示。它在一定程度上反映了系统动态响应的速度，$\omega_r$ 越大，则动态响应越快。一般来说,$\omega_r$ 与上升时间成反比。

## 4.1.3 频率特性的性质

(1) 频率特性 $G(j\omega)$ 为复数,可以表示为如下形式:

幅频-相频形式:$G(j\omega) = |G(j\omega)| \angle G(j\omega)$;

极坐标形式:$G(j\omega) = A(j\omega) \angle \varphi(\omega)$;

指数形式:$G(j\omega) = A(\omega)e^{j\varphi(\omega)}$。

(2) 频率特性具有明显的物理意义。频率特性表示系统或环节传递正弦信号的能力,对应电路中的三要素:同频率、变幅值、移相位。

(3) 频率特性把系统的参数和结构变化与动态性能指标联系起来,与动态性能指标有直接的对应关系,从而可以直接看出系统参数和结构对动态性能的影响。

(4) 有关传递函数的概念和运算法则对频率特性同样适用。

(5) 根据 $G(s)|_{s=j\omega} = G(j\omega)$ 得到的频率特性,在理论上可以推广到不稳定系统。稳定系统可以通过实验的方法求出输出量的各个物理参数,而不稳定系统的频率特性不能观察到,也不能通过实验方法求取。

## 4.1.4 频率特性的求取

### 1. 由定义求取

求得系统正弦信号输入下的稳态响应,然后根据稳态解的复数和输入信号的复数之比,即得频率特性。

### 2. 解析法

以 $j\omega$ 取代传递函数 $G(s)$ 或 $G(s)H(s)$ 中的 $s$,就可求出系统的频率特性,即 $G(j\omega) = G(s)|_{s=j\omega}$ 或 $G(j\omega)H(j\omega) = G(s)H(s)|_{s=j\omega}$。

### 3. 实验法

给已知系统输入幅值不变而频率变化的正弦信号,并记录各个频率对应输出信号的幅值和相位,即可得到系统的频率特性。

## 4.1.5 频率特性的几何表示法

作为一种图解分析系统的方法,频率特性曲线常采用三种表达形式:极坐标图(或称奈奎斯特(Nyquist)图)、对数频率特性曲线(或称伯德(Bode)图)和对数幅相曲线(或称尼柯尔斯(Nichols)图)。

### 1. 极坐标图

频率特性 $G(j\omega)$ 是频率 $\omega$ 的复变函数,在 $G(j\omega)$ 复平面上对某一 $\omega$ 可以用一向量或其端点(坐标)来表示,$\omega$ 从 $0 \to \infty$ 时,$G(j\omega)$ 端点的极坐标轨迹即是频率特性的极坐标图或奈奎斯特图,简称奈氏曲线。

### 2. 对数频率特性曲线

在工程实际中常将频率特性画成对数坐标形式。这种对数坐标图也称伯德图。伯德图由对数幅频特性和对数相频特性两张图组成。对数频率特性曲线的横坐标按 $\lg\omega$ 分度。对数幅频特性图的纵坐标为 $20\lg A(\omega)$,常用 $L(\omega)$ 表示,单位为分贝(dB);对数相频特性图的纵坐标为 $\varphi(\omega)$,等分刻度,单位为度(°)。

如图 4.1.3 所示,横坐标对频率 $\omega$ 是不均匀的,但对 $\lg\omega$ 却是均匀的。频率轴频率由 $\omega$ 变化到 $2\omega$ 的频带宽度称为一倍频程;频率由 $\omega$ 变化到 $10\omega$ 的频带宽度称为十倍频程或十倍频,记为"dec"(decade)。频率比相同的各点之间,在横轴上的间距相同,如 $\omega$ 为 0.1、1、10、100、1000 的各点在横轴上的间距都相等。由于实际应用时,横坐标标注频率的自然值并不是频率的对数值,所以对数频率特性图又称半对数坐标图,常称伯德图。$\omega$ 轴采用对数坐标具有以下优点:

(1) 可扩大频率视野,有利于分析有效频率范围的系统特性。

(2) 可将向量的相乘转化为相加。

(3) 对数幅频特性曲线可用渐近线近似表示,渐近线为直线,这样简化了图形的绘制。

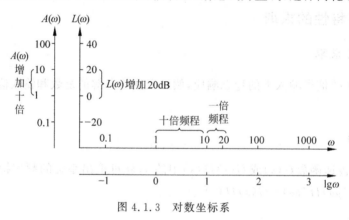

图 4.1.3　对数坐标系

### 3. 对数幅相曲线

将对数幅频特性和对数相频特性画在一个图上,以相频特性 $\varphi(\omega)$ 为线性分度的横轴、以幅频特性 $L(\omega)$ 为线性分度的纵轴、以频率 $\omega$ 为参变量绘制的 $G(\mathrm{j}\omega)H(\mathrm{j}\omega)$ 曲线,称为对数幅相图或尼柯尔斯图。

## 4.2　典型环节的频率特性

控制系统由若干典型环节组成,常见的典型环节有比例(放大)环节 $K$、积分环节 $1/s$、纯微分环节 $s$、惯性环节 $1/(Ts+1)$、一阶微分环节 $1+Ts$、延迟环节 $\mathrm{e}^{-\tau s}$、振荡环节 $1/(T^2s^2+2\zeta Ts+1)$ 等。下面分别讨论典型环节的频率特性。

### 1. 比例环节

比例环节的传递函数和频率特性为

$$\begin{cases} G(s) = K \\ G(j\omega) = K \end{cases} \tag{4.2.1}$$

幅频特性和相频特性为

$$\begin{cases} A(\omega) = |G(j\omega)| = K \\ \varphi(\omega) = \angle G(j\omega) = 0° \end{cases} \tag{4.2.2}$$

对数幅频特性和对数相频特性为

$$\begin{cases} L(\omega) = 20\lg A(\omega) = 20\lg K \\ \varphi(\omega) = 0° \end{cases} \tag{4.2.3}$$

对数幅频特性为一水平线,相频特性与横坐标重合。

比例环节极坐标图为实轴上的 $K$ 点,伯德图如图 4.2.1 所示。

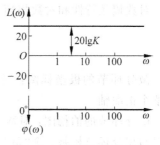

图 4.2.1 比例环节伯德图

### 2. 积分环节

积分环节的传递函数和频率特性为

$$\begin{cases} G(s) = 1/s \\ G(j\omega) = \dfrac{1}{j\omega} = \dfrac{1}{\omega} e^{-j90°} \end{cases} \tag{4.2.4}$$

幅频特性和相频特性为

$$\begin{cases} A(\omega) = \left| \dfrac{1}{j\omega} \right| = \dfrac{1}{\omega} \\ \varphi(\omega) = \angle \dfrac{1}{j\omega} = -90° \end{cases} \tag{4.2.5}$$

积分环节的对数幅频特性和对数相频特性为

$$\begin{cases} L(\omega) = 20\lg A(\omega) = -20\lg\omega \\ \varphi(\omega) = -90° \end{cases} \tag{4.2.6}$$

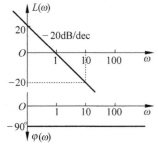

图 4.2.2 积分环节伯德图

积分环节极坐标图:当 $\omega$ 由 $0 \to \infty$ 时,$G(j\omega)$ 的实部总为零,虚部由 $-\infty \to 0$,所以极坐标图为一条与负虚轴重合的直线。

积分环节伯德图:由 $L(\omega) = -20\lg\omega$,频率 $\omega$ 每增加 10 倍,对数幅值下降 20dB,且 $\omega = 1$ 时,$L(1) = 0$,即 $L(\omega)$ 是一条斜率为 $-20$dB/dec 的直线,且 $\omega = 1$ 时对数幅值为零分贝。对数相频特性是一条水平直线,位于 $\omega$ 轴下方 $-90°$ 的位置,如图 4.2.2 所示。

### 3. 纯微分环节

纯微分环节的传递函数和频率特性为

$$\begin{cases} G(s) = s \\ G(j\omega) = j\omega = \omega e^{j90°} \end{cases} \tag{4.2.7}$$

幅频特性和相频特性为

$$\begin{cases} A(\omega) = \omega \\ \varphi(\omega) = 90° \end{cases} \tag{4.2.8}$$

对数幅频特性和对数相频特性为

$$\begin{cases} L(\omega) = 20\lg\omega \\ \varphi(\omega) = 90° \end{cases} \tag{4.2.9}$$

微分环节的极坐标图：当 $\omega$ 由 $0 \rightarrow \infty$ 时，极坐标图为整个正虚轴。

微分环节的伯德图：对数幅频特性和对数相频特性都只与积分环节相差一个"负"号。因而微分环节和积分环节的伯德图对称于 $\omega$ 轴，以零分贝线互为镜像。其对数幅频特性是斜率为 $20\mathrm{dB/dec}$，且过 $\omega = 1$ 的直线。对数相频特性是一条位于 $\omega$ 轴上方 $90°$ 位置的水平直线，如图 4.2.3 所示。

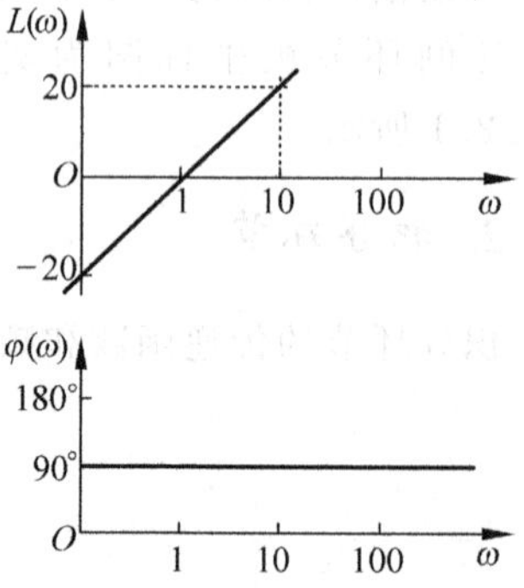

图 4.2.3　纯微分环节伯德图

### 4. 惯性环节

惯性环节的传递函数和频率特性为

$$\begin{cases} G(s) = \dfrac{1}{1 + Ts} \\ G(j\omega) = \dfrac{1}{1 + j\omega T} \end{cases} \tag{4.2.10}$$

幅频特性和相频特性为

$$\begin{cases} A(\omega) = \dfrac{1}{\sqrt{1 + \omega^2 T^2}} \\ \varphi(\omega) = -\arctan\omega T \end{cases} \tag{4.2.11}$$

实频特性和虚频特性为

$$\begin{cases} p(\omega) = \dfrac{1}{1 + \omega^2 T^2} \\ \theta(\omega) = -\dfrac{\omega T}{1 + \omega^2 T^2} \end{cases} \tag{4.2.12}$$

对数幅频特性和相频特性为

$$\begin{cases} L(\omega) = -20\lg\sqrt{1 + \omega^2 T^2} \\ \varphi(\omega) = -\arctan\omega T \end{cases} \tag{4.2.13}$$

惯性环节极坐标图：当 $\omega$ 由 $0\rightarrow\infty$ 时，曲线为以 $(0.5,\mathrm{j}0)$ 为圆心、0.5 为半径的半圆。

惯性环节伯德图：绘制惯性环节的对数幅频特性曲线。用渐近线的方法先画出曲线的大致图形，然后再加以精确化修正。低频段 $\omega\ll 1/T$，对数幅频特性曲线是一条零分贝的渐近线，与 $\omega$ 轴重合；在高频段 $\omega\gg 1/T$ 范围内的对数幅频特性曲线是一条斜率为 $-20\mathrm{dB/dec}$，且与 $\omega$ 轴相交于 $\omega=1/T$ 的渐近线；当 $\omega=1/T$ 时，对数幅频特性曲线是零分贝线。因此，惯性环节的对数幅频特性曲线近似为两条直线。在 $\omega<1/T$ 时，为零分贝线；在 $\omega>1/T$ 时，为一条斜率为 $-20\mathrm{dB/dec}$ 的直线，两直线相交，交点处频率为 $\omega=1/T$，称为转折频率。绘制惯性环节的对数相频特性曲线用描点的办法进行。给出 $\omega$ 的不同值，计算出相应的 $\varphi(\omega)$ 值，然后将各点平滑地连接起来即可，$\varphi(\omega)$ 是关于 $-45°$ 斜对称的曲线，如图 4.2.4 所示。

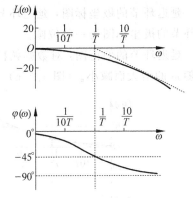

图 4.2.4　惯性环节伯德图

### 5. 一阶微分环节

一阶微分环节的传递函数和频率特性为

$$\begin{cases} G(s)=1+Ts \\ G(\mathrm{j}\omega)=1+\mathrm{j}\omega T \end{cases} \tag{4.2.14}$$

幅频特性和相频特性为

$$\begin{cases} A(\omega)=\sqrt{1+\omega^2 T^2} \\ \varphi(\omega)=\arctan\omega T \end{cases} \tag{4.2.15}$$

对数幅频特性和对数相频特性的公式为

$$\begin{cases} L(\omega)=20\lg\sqrt{1+\omega^2 T^2} \\ \varphi(\omega)=\arctan\omega T \end{cases} \tag{4.2.16}$$

一阶微分环节伯德图：一阶微分环节与一阶惯性环节的对数幅频特性和相频特性只相差一个"负"号，因而一阶微分环节和一阶惯性环节的伯德图对称于 $\omega$ 轴，以零分贝线互为镜像，如图 4.2.5 所示。

### 6. 延迟环节

延迟环节的传递函数和频率特性为

$$\begin{cases} G(s)=\mathrm{e}^{-\tau s} \\ G(\mathrm{j}\omega)=\mathrm{e}^{-\mathrm{j}\omega\tau} \end{cases} \tag{4.2.17}$$

幅频特性和相频特性为

$$\begin{cases} A(\omega)=1 \\ \varphi(\omega)=-57.3\omega\tau\,(°) \end{cases} \tag{4.2.18}$$

对数幅频特性和对数相频特性为

$$\begin{cases} L(\omega) = 20\lg A(\omega) = 0 \\ \varphi(\omega) = -57.3\tau\omega(°) \end{cases} \tag{4.2.19}$$

延迟环节的极坐标图：延迟环节的幅值为常数1，与$\omega$无关，相角与$\omega$成比例，因此延迟环节的极坐标图为一单位圆。

延迟环节的伯德图：对数幅频特性曲线为$L(\omega) = 0$的直线，与$\omega$轴重合。相频特性曲线随$\omega$的增大而减小。（图4.2.6）

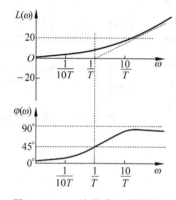 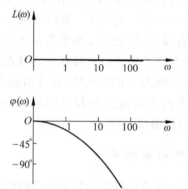

图 4.2.5　一阶微分环节伯德图　　　　　图 4.2.6　延迟环节伯德图

### 7. 振荡环节

振荡环节的传递函数和频率特性为

$$\begin{cases} G(s) = \dfrac{1}{T^2 s^2 + 2\zeta Ts + 1} \\ G(j\omega) = \dfrac{1}{(j\omega T)^2 + 2j\zeta T\omega + 1} \end{cases} \tag{4.2.20}$$

幅频特性和相频特性为

$$\begin{cases} A(\omega) = \dfrac{1}{\sqrt{(1 - T^2\omega^2)^2 + (2\zeta\omega T)^2}} \\ \varphi(\omega) = -\arctan\dfrac{2\zeta\omega T}{1 - T^2\omega^2} \end{cases} \tag{4.2.21}$$

对数幅频特性和对数相频特性为

$$\begin{cases} L(\omega) = 20\lg A(\omega) = -20\lg\sqrt{(1 - T^2\omega^2)^2 + (2\zeta\omega T)^2} \\ \varphi(\omega) = -\arctan\dfrac{2\zeta\omega T}{1 - T^2\omega^2} \end{cases} \tag{4.2.22}$$

振荡环节的伯德图：绘制对数幅频特性曲线可先绘制渐近线。低频段$\omega \ll 1/T$，对数幅频特性曲线是一条零分贝的渐近线，与$\omega$轴重合；在高频段$\omega \gg 1/T$范围内的对数幅频特性曲线是一条斜率为$-40\text{dB/dec}$的直线。低频段和高频段的渐近线相交于$\omega = 1/T$，$\omega = 1/T$称为转折频率。对数相频特性曲线对于转折频率$\omega = 1/T$、$\varphi(\omega) = -90°$点是斜对称的,具体曲线可自行分析绘制。

# 4.3 开环系统的对数频率特性

## 1. 开环系统伯德图绘制

一般控制系统由多个环节串联构成,在绘制控制系统的伯德图时,先将系统传递函数分解成典型环节乘积的形式,逐个绘制,再将幅频特性和相频特性分别进行叠加即可。

设开环系统由 $n$ 个环节串联而成,其传递函数为各环节传递函数的乘积,即

$$G(s) = G_1(s)G_2(s)\cdots G_n(s) \tag{4.3.1}$$

用 $j\omega$ 代替 $s$,得到开环频率特性为

$$G(j\omega) = G_1(j\omega)G_2(j\omega)\cdots G_n(j\omega)$$

$$= A_1(\omega)e^{j\varphi_1(\omega)}A_2(\omega)e^{j\varphi_2(\omega)}\cdots A_n(\omega)e^{j\varphi_n(\omega)} \tag{4.3.2}$$

则开环幅频特性及相频特性为

$$
\begin{cases}
A(\omega) = \prod_{i=1}^{n} A_i(\omega) \\
\varphi(\omega) = \sum_{i=1}^{n} \varphi_i(\omega)
\end{cases}
\tag{4.3.3}
$$

对数开环幅频特性及相频特性为

$$
\begin{cases}
L(\omega) = 20\lg A(\omega) = 20\lg \prod_{i=1}^{n} A_i(\omega) \\
\quad\quad = \sum_{i=1}^{n} 20\lg A_i(\omega) = \sum_{i=1}^{n} L_i(\omega) \\
\varphi(\omega) = \sum_{i=1}^{n} \varphi_i(\omega)
\end{cases}
\tag{4.3.4}
$$

其中,$L_i(\omega)$ 和 $\varphi_i(\omega)$ 分别为构成系统的各典型环节的对数幅频和相频特性。由于采取了对数运算,系统开环对数幅频特性等于各环节对数幅频特性之和,对数相频特性等于各环节相频特性之和,因此可以采取叠加定理实现对系统对数频率特性曲线的绘制。

## 2. 开环系统频率特性的三频段

系统开环对数幅频特性曲线按横坐标大致分为三个频段。在第一个转折频率以左的区段,是由积分环节和开环增益确定的,称为低频段,低频段的斜率应取 $-20\text{dB/dec}$,而且曲线要保持足够的高度,以满足系统稳态精度的要求;在第一个转折频率以右的截止频率附近的区段为中频段,中频段的斜率不能过低,而且附近应有 $-20\text{dB/dec}$ 斜率段,以满足系统快速性和平稳性的要求;在中频段以右大于 10 倍截止频率的区段为高频段,此部分是由系统中时间常数很小、频带很高的元件决定的,高频段幅频特性应尽量低,以保证系统的抗干扰性。

## 4.4　最小相位系统

所谓最小相位系统,即指开环传递函数在 $s$ 右半平面无零、极点的系统,而在 $s$ 右半平面内只要有一个开环零点或开环极点的系统统称为非最小相位系统。图 4.4.1 所示为最小相位系统和非最小相位系统的零极点分布图。由于最小相位系统的幅频特性与相频特性有确定关系,所以在大多数情况下可不用绘制相频特性图,这使得用频率特性法分析、设计系统更简洁和方便。另一方面,如果系统为最小相位系统,那么只要已知系统的伯德图,也可较方便地求出系统的开环传递函数。

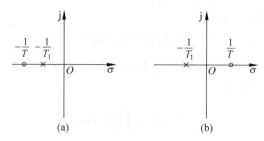

图 4.4.1　最小相位系统和非最小相位系统零极点分布图

## 4.5　频域稳定判据与稳定性分析

在时域中判断系统稳定的充要条件是系统特征方程的根必须具有负实部,而判断根是否具有负实部可以用求解全部根的方法,也可利用劳斯判据。这些方法有不足之处,即只能判别系统是稳定还是不稳定,不便于研究系统参数、结构对系统稳定性的影响,不能判断系统的稳定程度即相对稳定性。在分析或设计一个实际生产过程的控制系统时,只知道系统是否稳定是不够的,一个受扰动就会不稳定的系统是不能投入实际使用的。因此人们总是希望所设计的控制系统不仅是稳定的,而且具有一定的稳定裕量,需要知道系统的稳定程度是否符合生产过程的要求。奈奎斯特稳定判据是根据系统的开环频率特性来研究闭环系统稳定性的图解判据,并能确定系统的相对稳定性。

### 1. 奈奎斯特稳定判据描述

奈奎斯特稳定判据:反馈控制系统稳定的充分必要条件是半闭合曲线 $\Gamma_{GH}$ 不穿过点 $(-1,j0)$ 且逆时针包围临界点 $(-1,j0)$ 的圈数 $R$ 等于开环传递函数的正实部极点数 $P$。

奈奎斯特图:奈奎斯特稳定判据是基于 $G(j\omega)H(j\omega)$ 对 $GH$ 平面 $(-1,j0)$ 点包围情况作出的,如果 $G(j\omega)H(j\omega)$ 曲线不包围 $(-1,j0)$ 点,且越远离此点,其系统的稳定性就越好。图 4.5.1 给出了几种 $G(j\omega)H(j\omega)$ 曲线与单位阶跃响应曲线对应关系示意图。假定图中各系统的开环传递函数没有 $s$ 右半平面的极点。

图 4.5.1(a)和(b)的 $G(j\omega)H(j\omega)$ 曲线分别包围和通过 $(-1,j0)$ 点,阶跃响应分别是发散和等幅振荡的,系统为不稳定和临界稳定;图 4.5.1(c)和(d)的 $G(j\omega)H(j\omega)$ 曲线不包围

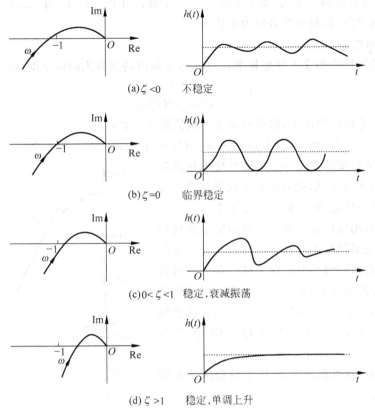

图 4.5.1　$G(j\omega)H(j\omega)$ 曲线与单位阶跃响应曲线对应关系

（-1,j0）点，阶跃响应是衰减幅振荡的，系统稳定。但随着 $G(j\omega)H(j\omega)$ 曲线远离（-1,j0）点程度的不同，振荡次数和超调量不同，越远离（-1,j0）点，振荡就越小，相对稳定性越好，当远离的距离足够大时，响应曲线变为单调上升，不出现超调。因此，$G(j\omega)H(j\omega)$ 曲线对（-1,j0）点的接近程度完全描述了控制系统的稳定程度，衡量系统相对稳定性的指标有幅值裕度和相角裕度。

### 2. 稳定裕度

1）截止频率 $\omega_c$

设系统开环幅频特性曲线在 $\omega=\omega_c$ 时穿越临界点，$\omega_c$ 称为截止频率。在临界点 $A(\omega_c)=|G(j\omega_c)H(j\omega_c)|=1$，对应的对数幅频特性 $L(\omega_c)=20\lg A(\omega_c)=0$。

2）穿越频率 $\omega_x$

对于复平面的负实轴和开环对数相频特性，当取频率为穿越频率 $\omega_x$ 时，$\varphi(\omega_x)=(2k+1)\pi(k=0,\pm1,\cdots)$。

3）相角裕度 $\gamma$

在增益截止频率 $\omega_c$ 处，使系统达到稳定的临界状态时所需要附加相角的滞后量定义为相角裕度，用字母 $\gamma$ 表示，值为截止频率处的相角加上 $180°$。即

$$\gamma=180°+\angle G(j\omega_c)H(j\omega_c)=180°+\varphi(\omega_c) \tag{4.5.1}$$

可见,相角裕度的含义为,如果系统截止频率处的相角滞后 $\gamma$,则系统临界稳定。为使最小相位系统稳定,相角裕度必须为正值。

4) 幅值裕度 $h$

在开环相频特性曲线上穿越频率 $\omega_{\mathrm{x}}$ 处,对应幅值的倒数为幅值裕度,用字母 $h$ 表示:

$$h = \frac{1}{|G(\mathrm{j}\omega_{\mathrm{x}})H(\mathrm{j}\omega_{\mathrm{x}})|} \tag{4.5.2}$$

在对数频率特性曲线中,以分贝来表示幅值裕度时,有

$$h(\mathrm{dB}) = -20\lg|G(\mathrm{j}\omega_{\mathrm{x}})H(\mathrm{j}\omega_{\mathrm{x}})|(\mathrm{dB}) = -L(\omega_{\mathrm{x}}) \tag{4.5.3}$$

可见,幅值裕度的含义为:如果系统将穿越频率处的幅值再增大 $h$ 倍,则系统处于临界状态。为使最小相位系统稳定,幅值裕度须大于1。

应指出,仅用幅值裕度或者相角裕度不能确切地、全面地描绘系统的相对稳定性。为确定系统的相对稳定性,必须同时给出这两个量。在一些粗略估算系统性能的情况下,才会主要对相角裕度提出要求。最小相位系统稳定时,$\gamma>0°$,$h>1$;系统临界稳定时,$\gamma=0°$,$h=1$;系统不稳定时,$\gamma<0°$,$h<1$。

在对数频率特性曲线中,线性系统稳定裕度的表示如图4.5.2所示。

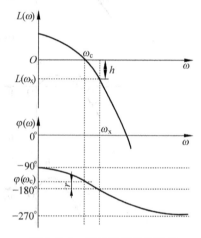

图 4.5.2　线性系统稳定裕度

# 4.6　用频域特性分析系统性能

控制系统的性能需要通过性能指标来衡量,如时域分析中的超调量、调节时间、稳态误差等。在频域中,有相角裕度、幅值裕度、谐振峰值等性能指标,但是这些频域指标比较间接、概略,不如时域指标直观,为此,有必要研究时域响应和频域响应的对应关系。

## 4.6.1　闭环频域性能指标与时域性能指标的关系

二阶系统频域性能指标与时域性能指标之间有严格的数学关系。

二阶系统的闭环传递函数为

$$\Phi(s) = \frac{\omega_{\mathrm{n}}^2}{s^2 + 2\zeta\omega_{\mathrm{n}}s + \omega_{\mathrm{n}}^2} \tag{4.6.1}$$

系统闭环频率特性为

$$\Phi(\mathrm{j}\omega) = \frac{\omega_{\mathrm{n}}^2}{(\mathrm{j}\omega)^2 + 2\mathrm{j}\zeta\omega_{\mathrm{n}}\omega + \omega_{\mathrm{n}}^2} \tag{4.6.2}$$

闭环幅频特性和相频特性为

$$\begin{cases} A(\omega) = \dfrac{\omega_n^2}{\sqrt{(\omega_n^2 - \omega^2)^2 + (2\zeta\omega_n\omega)^2}} \\ \varphi(\omega) = -\arctan\dfrac{2\zeta\omega_n\omega}{\omega_n^2 - \omega^2} \end{cases} \tag{4.6.3}$$

### 1. 谐振峰值 $M_r$ 与超调量 $\sigma\%$ 的关系

$$M_r = \frac{1}{2\zeta\sqrt{1-\zeta^2}} \quad (0 < \zeta \leqslant 0.707) \tag{4.6.4}$$

$$\sigma\% = \mathrm{e}^{\frac{-\pi\zeta}{\sqrt{1-\zeta^2}}} \tag{4.6.5}$$

由二者的计算式可知，谐振峰值 $M_r$ 与超调量 $\sigma\%$ 都只与阻尼比 $\zeta$ 有关，$\zeta$ 越小，谐振峰值越高，系统动态过程超调越大，一般来说超过 40% 的系统不符合瞬态响应指标的要求。当 $0.4 < \zeta < 0.707$ 时，谐振峰值 $M_r$ 与超调量 $\sigma\%$ 变化趋势基本一致，系统响应结果较好。$\zeta > 0.707$ 时无谐振峰值，$M_r$ 和 $\sigma\%$ 不存在对应关系。通常设计时取 $0.4 < \zeta < 0.707$。

### 2. 谐振峰值 $M_r$、频带宽度 $\omega_b$ 与调节时间 $t_s$、峰值时间 $t_p$ 的关系

$$\omega_b = \omega_n\sqrt{1 - 2\zeta^2 + \sqrt{2 - 4\zeta^2 + 4\zeta^4}} \tag{4.6.6}$$

$$t_s = \frac{3}{\zeta\omega_n} \sim \frac{4}{\zeta\omega_n} \tag{4.6.7}$$

$$\omega_b t_s = \frac{3\sqrt{1 - 2\zeta^2 + \sqrt{2 - 4\zeta^2 + 4\zeta^4}}}{\zeta} \sim \frac{4\sqrt{1 - 2\zeta^2 + \sqrt{2 - 4\zeta^2 + 4\zeta^4}}}{\zeta} \tag{4.6.8}$$

$$\omega_b t_s = \sqrt{\frac{2\sqrt{M_r^2 - 1} + \sqrt{2M_r^2 - 1}}{M_r - \sqrt{M_r^2 - 1}}} \tag{4.6.9}$$

$$\omega_b t_p = \sqrt{2\frac{\sqrt{M_r^2 - 1} + \sqrt{2M_r^2 - 1}}{M_r + \sqrt{M_r^2 - 1}}} \tag{4.6.10}$$

当阻尼比 $\zeta$ 给定后，频带宽度 $\omega_b$ 与调节时间成反比关系。频带宽度 $\omega_b$ 越大，系统响应越快，但大的带宽使系统抗高频噪声能力下降，而且带宽大的系统实现起来也比较困难。在设计系统时，通常对快速性和噪声抑制进行折中考虑。

### 3. 谐振峰值 $M_r$、谐振频率 $\omega_r$ 与调节时间 $t_s$、峰值时间 $t_p$ 的关系

$$\omega_r t_s = \frac{1}{\zeta}\sqrt{1 - 2\zeta^2} \tag{4.6.11}$$

$$\omega_r t_p = \pi\sqrt{\frac{1 - 2\zeta^2}{1 - \zeta^2}} \tag{4.6.12}$$

当 $\zeta$ 一定时，调节时间 $t_s$、峰值时间 $t_p$ 均与谐振频率 $\omega_r$ 成反比。谐振频率 $\omega_r$ 高的系统，对输入信号的响应速度快；反之，则响应速度慢。

### 4.6.2 开环频率特性与时域响应的关系

#### 1. 系统闭环频域指标与开环频域指标的关系

系统的闭环频域指标有谐振峰值 $M_r$、谐振频率 $\omega_r$、带宽频率 $\omega_b$、零频幅值 $M_0$。系统的开环频域指标有开环截止频率 $\omega_c$、相角裕度 $\gamma$、穿越频率 $\omega_x$ 和幅值裕度 $h$。

设典型二阶系统开环传递函数为

$$G(s) = \frac{\omega_n^2}{s^2 + 2\zeta\omega_n s} \tag{4.6.13}$$

开环频率特性为

$$G(j\omega) = \frac{\omega_n^2}{(j\omega)^2 + 2\zeta\omega_n(j\omega)} \tag{4.6.14}$$

系统的幅频和相频特性为

$$\begin{cases} A(\omega) = \dfrac{\omega_n^2}{\omega\sqrt{\omega^2 + (2\zeta\omega_n)^2}} \\ \varphi(\omega) = -90° - \arctan\dfrac{\omega}{2\zeta\omega_n} \end{cases} \tag{4.6.15}$$

开环截止频率为

$$\omega_c = \omega_n\sqrt{\sqrt{4\zeta^4 + 1} - 2\zeta^2} \tag{4.6.16}$$

相角裕度为

$$\gamma = \arctan\frac{2\zeta\omega_n}{\omega_c} = \arctan\frac{2\zeta}{\sqrt{\sqrt{1 + 4\zeta^4} - 2\zeta^2}} \tag{4.6.17}$$

截止频率 $\omega_c$ 与带宽频率 $\omega_b$ 的关系为,对于二阶系统,$\omega_b$ 与 $\omega_c$ 的比值是 $\xi$ 的函数,有

$$\zeta = 0.4, \quad \omega_b = 1.6\omega_c \tag{4.6.18}$$

$$\zeta = 0.7, \quad \omega_b = 1.55\omega_c \tag{4.6.19}$$

对于典型二阶系统,$\omega_b$ 与 $\omega_c$ 有密切的正比关系,因此可用 $\omega_c$ 来衡量系统的快速性,$\omega_c$ 越大,系统的响应速度越快。$\gamma$ 与 $M_r$ 一样仅与系统的阻尼比有关,阻尼比越小,系统的谐振峰值 $M_r$ 越大,相角裕度 $\gamma$ 越小,系统的相对稳定性越差。

#### 2. 系统开环频域指标与时域指标的关系

对于典型二阶系统,时域指标与频域指标有直接的关系,当阻尼比 $\zeta$ 为常数时,$\omega_c$ 反比于调节时间 $t_s$,$\omega_c$ 越大,系统的调节时间 $t_s$ 越短。阻尼比 $\zeta$ 越小,系统的相角裕度 $\gamma$ 越小,系统相对稳定性越差。对于高阶系统,时域指标与频域指标的解析式很难表示。开环频率特性与时域响应的关系通常可用三频段法分析。

## 4.7 MATLAB 在频域分析中的应用

在频域中使用 MATLAB,可以求解系统的频率特性,精确绘制伯德图等频率特性曲线,并计算系统的截止频率、穿越频率、相角稳定裕度、幅值裕度等频域性指标,以便研究系

统控制过程的稳定性、快速性及稳态精度等。

**例 4.7.1**　求解系统开环增益。已知系统的开环传递函数如下,试根据该系统的频率响应,确定截止频率 $\omega_c = 5\text{rad/s}$ 时,系统的开环增益 $K$ 的值。

$$G(s)H(s) = \frac{Ke^{-0.1s}}{s(s+1)(0.1s+1)}$$

**解**：延迟模块的模 $|e^{-0.1\text{j}\omega}| = 1$,当 $\omega = \omega_c = 5\text{rad/s}$ 时,对数幅频特性 $L = 20\lg|G(\text{j}\omega_c)H(\text{j}\omega_c)| = 0\text{dB}$,则 $|G(\text{j}\omega_c)H(\text{j}\omega_c)| = 1$。

（1）计算 $|G(\text{j}\omega_c)H(\text{j}\omega_c)|$,程序如下：

```
syms omegac K GH;
omegac = 5;
GH = 1/(j * omegac * (j * omegac + 1) * (0.1 * j * omegac + 1));
Gh = K * abs(GH)
```

程序运行结果为：

```
Gh = 1/325 * K * 130^(1/2)
```

（2）由 $|G(\text{j}\omega_c)H(\text{j}\omega_c)| = 1$ 求开环增益 $K$,程序如下：

```
syms K;
[K] = solve('1/325 * K * 130^(1/2) = 1',K);
K = vpa(K,3)
```

程序运行结果为：

```
K = 28.5
```

即截止频率 $\omega_c = 5\text{rad/s}$ 时系统的开环增益 $K = 28.5\text{rad/s}$。

**例 4.7.2**　求解系统频率响应。已知系统的单位阶跃响应如下,试确定系统的频率响应。

$$c(t) = 1 - 1.8e^{-4t} + 0.8e^{-9t}, \quad t \geqslant 0$$

**解**：系统的频率响应 $G(\text{j}\omega) = G(s)\big|_{s=\text{j}\omega} = \dfrac{C(s)}{R(s)}\big|_{s=\text{j}\omega}$,其中 $C(s) = L[c(t)]$,$R(s) = L[r(t)]$,MATLAB 程序如下：

```
symstscrGRC omega;
r = sym('Heaviside(t)');
R = laplace(r);
c = 1 - 1.8 * exp(-4 * t) + 0.8 * exp(-9 * t);
C = laplace(c);
C = factor(C);
G = C/R;
G = subs(G,s,j * omega):
```

程序运行结果为：

```
G = 36/(i * omega + 4)/(i * omega + 9)
```

即系统的频率响应为

$$G(j\omega) = \frac{36}{(j\omega + 4)(j\omega + 9)}$$

**例 4.7.3** 分析系统频率响应。已知系统的开环传递函数如下，在输入信号 $r(t) = \sin t$ 作用下，用 MATLAB 命令求出系统输出信号。

$$G(s) = \frac{3}{s^2 + 3s + 4}$$

**解**：MATLAB 程序如下：

```
n = 3;d = [1,3,4];
sys = tf(n,d);
t = 0:0.1:20;
U = sin(t);y = lsim(sys,U,t);plot(t,U,'r',t,y,'g')
gtext('Input'),gtext('Response')
```

程序运行后，得到图 4.7.1 所示曲线，正弦信号作用下的响应是同频率的正弦信号，只是幅度和相位不同。

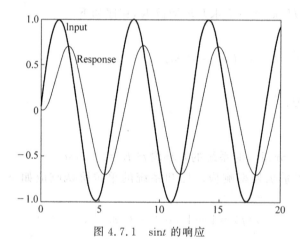

图 4.7.1 sin$t$ 的响应

**例 4.7.4** 绘制奈奎斯特曲线。已知系统的开环传递函数如下，用 MATLAB 命令绘制该系统的奈氏曲线，并判断系统稳定性。

$$G(s) = \frac{500}{(s + 1)(s + 2)(s + 3)}$$

**解**：MATLAB 程序如下：

```
n = 500;d = conv([1,1],conv([1,2],[1,3]));
sys = tf(n,d);
nyquist(sys)
```

程序运行后，得到图 4.7.2 所示曲线，奈奎斯特曲线包围（−1，j0）点 2 次，并且 $s$ 右半平面没有开环极点，所以闭环系统不稳定，有两个不稳定的闭环极点。

**例 4.7.5** 绘制系统伯德图。已知系统的开环传递函数如下，用 MATLAB 命令绘制该系统的伯德图。

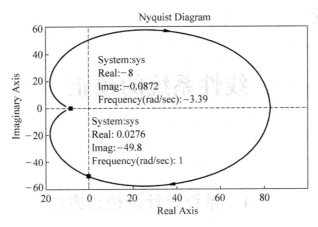

图 4.7.2　系统的奈奎斯特曲线

$$G(s) = \frac{4}{s(s+1)(s+2)}$$

**解**：MATLAB 程序如下：

```
n = 4;d = conv([1,1],[1,2,0]);
sys = tf(n,d);
bode(sys)
```

程序运行后，得到图 4.7.3 所示曲线，两条曲线分别为开环幅频特性曲线和开环相频特性曲线。图 4.7.3 中显示两个关键点，即截止频率点 $\omega_c$ 和穿越频率点 $\omega_x$。相频特性曲线上的特征点为 $\omega_c = 1.14$，相角裕度为 $\gamma = 11.4°$，幅频特性曲线上的特征点为 $\omega_x = 1.41$，幅值裕度为 $h = 3.52$。

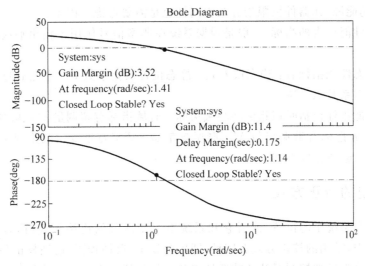

图 4.7.3　系统的伯德图

# 第5章

# 线性系统的校正

## 5.1 系统设计及校正方法

控制系统的设计和校正是指在已定系统不可变部分(如受控对象、执行器等)的基础上,加入一些装置(称为校正装置、调节器、控制器),使系统静、动态性能满足实际需要的性能指标。校正装置的设计是系统设计的重要组成部分。

校正的本质:引入校正装置是用附加零、极点的办法实现对系统的校正,本质是改变系统的零极点分布,即改变系统根轨迹或频率特性曲线,从而达到改善系统性能的目的。

### 5.1.1 系统的性能指标

性能指标通常是由使用单位或被控对象的设计制造单位提出的。不同的控制系统对性能指标的要求应有不同的侧重。例如,调速系统对平稳性和稳态精度的要求较高;而随动系统则侧重于对快速性的要求。提出的系统性能指标,不应比被控对象完成给定任务所需要的指标要求更高,不能片面追求过高的性能指标要求而忽视经济效益,甚至脱离实际。另外,可供选择的能源、元器件极限指标及空间性也是需要考虑的因素。

评价系统性能优劣的指标,一般是根据系统在典型信号作用下输出响应的某些特点统一规定的。

系统的静态性能指标有:稳态误差 $e_{ss}$、静态位置误差系数 $K_p$、静态速度误差系数 $K_v$、静态加速度误差系数 $K_a$ 等。

系统的性能指标包括时域指标和频域指标。时域指标有超调量 $\sigma\%$、峰值时间 $t_p$、调节时间 $t_s$ 等;频域指标有谐振峰值 $M_r$、谐振频率 $\omega_r$、频带宽度 $\omega_b$、截止频率 $\omega_c$、穿越频率 $\omega_x$、相角裕度 $\gamma$、幅值裕度 $h$ 等。

### 5.1.2 系统的校正方式

校正装置在系统中的位置,或者它和系统不可变部分的连接形式,称为系统的校正方式。控制系统中,常用的校正方式有四种,即串联校正、反馈校正、前馈校正和复合校正。其中复合校正又分为反馈控制系统的前置校正和干扰补偿校正。选用哪种校正方式取决于系统的结构特点、信号性质、功率大小、可选用能源或元器件、经济条件等。

### 1. 串联校正

串联校正是指校正装置 $G_c(s)$ 接在系统的前向通道中,通常设置在前向通道的输入端,或者说在反馈比较环节的输出端,与系统的不可变部分 $G_0(s)$ 构成串联连接的方式,如图 5.1.1 所示。这样设置一是减少校正装置的输出功率,降低系统功率损耗和成本;二是对抑制乃至消除前向通道各扰动量产生的稳态误差有利。串联校正结构简单,易于实现,但需附加放大器,且对于系统参数变化比较敏感。

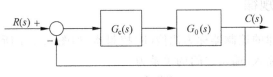

图 5.1.1  串联校正

### 2. 反馈校正

反馈校正也称并联校正,是指校正装置 $G_c(s)$ 接在系统的局部反馈通道中,与系统的不可变部分或不可变部分中的一部分 $G_{02}(s)$ 构成反馈连接的方式,如图 5.1.2 所示。反馈校正的信号是从高功率点传向低功率点,故不需加放大器。反馈校正具有扩展系统频带、减弱参数变化的不利影响等突出优点,因而得到广泛应用。

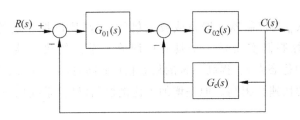

图 5.1.2  反馈校正

### 3. 前馈校正

前馈校正又称顺馈校正,属于补偿控制,是在系统主反馈回路之外,由输入经校正装置直接校正系统的方式。按输入信号性质和校正装置位置的不同通常分两种:一种是校正装置接在系统给定输入信号之后、主反馈回路作用点之前的前向通道上,对给定值进行整形和滤波;另一种是校正装置接在系统可测扰动信号和误差作用点之间,对扰动信号进行测量、变换后接入系统,作用是对扰动影响进行直接补偿。前馈校正最主要的优点是针对主要扰动及时迅速地克服其对被控参数的影响。

### 4. 复合校正

复合校正是在反馈控制回路中,加入前馈校正通路,组成一个有机整体,即将串联(或反馈)校正和前馈校正结合在一起,构成复杂控制系统以改善系统性能。复合校正可兼顾系统稳态和动态性能,不但可以保持系统稳定,极大地减小稳态误差,而且可以抑制几乎所有的可量测扰动,全面提高控制系统的性能。

# 5.2   线性系统的基本控制规律

比例、微分、积分控制规律常称为线性系统的基本控制规律。采用这些基本控制规律的某些组合,如比例-微分、比例-积分、比例-积分-微分去构成控制装置并附加在系统中,以实现对被控对象的有效控制。

## 5.2.1   比例控制规律

具有比例控制规律的控制器称为比例(P)控制器,如图 5.2.1 所示,它就是一个放大倍数可调的放大器。其输入/输出之间的关系为

$$m(t) = K_p e(t) \tag{5.2.1}$$

传递函数为

$$G_c(s) = K_p \tag{5.2.2}$$

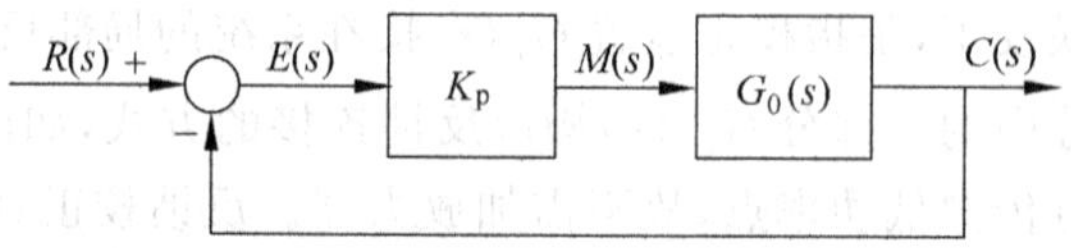

图 5.2.1   比例控制系统

式(5.2.2)中,$K_p$ 为控制器的增益或放大倍数,提高比例控制器的增益即可提高系统的放大倍数。比例控制器实质是一个具有可调放大系数的放大器。增大开环放大倍数 $K_p$,可以减小系统的稳态误差,提高系统的稳态精度;同时,系统的截止频率 $\omega_c$ 增大,调节时间 $t_s$ 缩短,系统的快速性提高。但是增加了比例控制以后,系统相角裕度 $\gamma$ 减小,系统的相对稳定性减小。

比例控制对改变系统零、极点分布的作用是很有限的,仅能改变闭环系统极点的位置。仅靠比例控制一般不能改善系统性能,在工程上通常和其他控制规律联合作用,才能提高控制系统的控制质量。

## 5.2.2   比例-微分控制规律

具有比例-微分控制规律的控制器称为比例-微分(PD)控制器,如图 5.2.2 所示,其输入/输出的关系为

$$m(t) = K_p e(t) + K_p T_d \frac{de(t)}{dt} \tag{5.2.3}$$

式中,$K_p$ 为比例系数;$T_d$ 为微分时间常数。这种控制器输出既能成比例反映输入信号,又能成比例反映输入信号的导数,相当于一阶微分环节。其传递函数为

$$G(s) = K_p(1 + T_d s) \tag{5.2.4}$$

比例-微分控制可提供一个位于负实轴上的零点,相当于放大环节和一阶微分环节的合成,其中比例控制作用 $K_p e(t)$ 如前所述,而微分控制作用 $K_p T_d \dfrac{de(t)}{dt}$ 与输入偏差信号 $e(t)$ 的

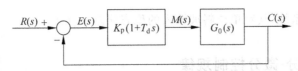

图 5.2.2　比例-微分控制系统

变化率成正比,即微分控制作用只在系统动态调节过程中起作用,对无变化或缓慢变化的对象不起作用,因此微分控制在任何情况下都不能单独与被控对象串联使用,只能构成比例微分(PD)或比例-积分-微分(PID)控制。

比例-微分控制使系统的开环截止频率增加,调节时间缩短,系统的响应速度加快;同时系统相角裕度增大,时域超调量减小,相对稳定性提高,系统的动态性能得到改善。但是在系统动态性能改善的同时,由于高频段增益上升,对高频噪声干扰信号有一定的放大作用,系统抗干扰能力降低。

### 5.2.3　积分控制规律

具有积分控制规律的控制器称为积分(I)控制器,如图 5.2.3 所示,其输入/输出之间的关系为

$$m(t) = \frac{1}{T_i} \int_0^t e(t) \mathrm{d}t \tag{5.2.5}$$

式中,$T_i$ 为积分时间常数,其传递函数为

$$G(s) = \frac{1}{T_i s} \tag{5.2.6}$$

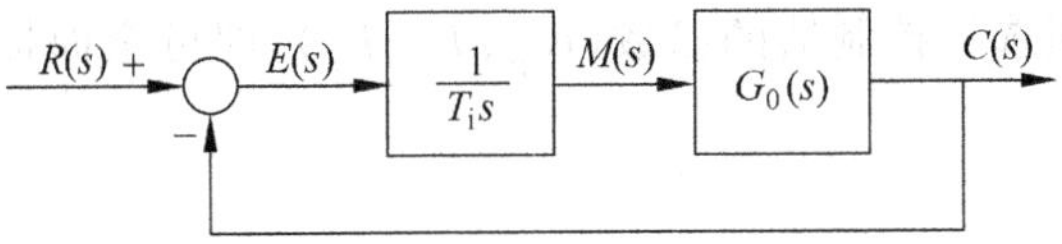

图 5.2.3　积分控制系统

积分控制器具有对输入信号累加的作用,因此当输入信号为零时,积分控制器仍然有不为零的输出,这是积分控制器独特的控制作用。由图 5.2.3 可以分析,当输入偏差 $e(t) \neq 0$ 时,控制器输出不断增加;当输入偏差 $e(t_1) = 0$ 时,控制器输出保持 $t_1$ 瞬间的值不变,即控制器仍然有输出且为常值。因此积分控制器可以减小系统的稳态误差,提高系统的稳态精度。但是由于积分控制是依靠误差积累,因此控制器反应不是很灵敏。积分校正对系统稳定性的改善也是需要条件的,只是简单引入单纯的积分控制有可能造成系统结构不稳定,或者使系统相角裕度减小,时域超调量增大,所以在引入积分控制的同时,一般应另引入一个有限零点,采用比例-积分(PI)控制器或比例-积分-微分(PID)控制器。

在控制系统中,采用积分控制可以提高系统的型别数,用以消除或减小稳态误差,改善稳态性能。比如被控对象传递函数 $G_0(s) = \dfrac{K_0}{s(T_0 s + 1)}$,原系统为 I 型系统,其对单位斜坡输入的稳态误差 $e_{ss} = \dfrac{1}{K_0}$。当加入积分控制器 $\dfrac{1}{T_i s}$ 后,原系统开环传递函数 $G(s) =$

$\dfrac{K_0/T_i}{s^2(T_0 s+1)}$ 为Ⅱ型系统,其对单位斜坡输入的稳态误差 $e_{ss}=0$。

### 5.2.4 比例-积分-微分控制规律

比例-积分-微分(PID)控制器是三种控制作用的叠加,又称比例-积分-微分校正,如图5.2.4所示。其输入/输出之间的关系为

$$m(t)=K_p e(t)+\frac{K_p}{T_i}\int_0^t e(t)\mathrm{d}t+K_p T_d\frac{\mathrm{d}e(t)}{\mathrm{d}t} \tag{5.2.7}$$

传递函数为

$$G_c(s)=K_p\left(1+\frac{1}{T_i s}+T_d s\right) \tag{5.2.8}$$

式中,$K_p$ 为比例系数;$T_i$ 为积分时间常数;$T_d$ 为微分时间常数。

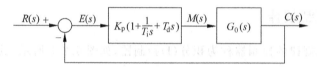

图 5.2.4 比例积分微分控制系统

PID控制器有一个零值极点和两个负实数零点。加入零极点可提高系统的型次,负实数零点可使系统产生超前的相位角。在低频段,PID通过积分控制作用,提高系统的型次,消除或减小系统的稳态误差,改善系统的稳态性能;在中频段,PID通过微分控制作用,增加开环截止频率 $\omega_c$,缩短调节时间 $t_s$,提高系统快速性,系统的相角裕度 $\gamma$ 增加,系统稳定性提高。因此只要合理选择控制器的参数($K_p$、$T_i$、$T_d$),即可全面提高系统的控制性能,实现有效的控制。

# 5.3 校正装置及其特性

掌握了系统的基本控制规律后,怎样用这些规律构成校正装置改善系统性能呢? 系统的校正往往针对系统某段不符合要求的特性进行改造,对符合要求的特性保持不变,因此,校正装置的设计即利用基本控制规律构成校正装置,对原系统中不符合要求的特性进行校正,根据实际情况选择装置的数学模型及实现电路等。

串联校正控制器的设计方法中,使用的校正装置有超前校正装置、滞后校正装置以及滞后-超前校正装置。根据校正装置有无电源可以把校正装置分为有源校正器和无源校正器。无源校正:校正装置中采用电阻、电容元件连接成不同功能的校正器。这种校正方式有明显的负载效应,会影响到校正精度。有源校正:校正装置中采用集成运算放大器和 $RC$ 网络构成各种功能类型的校正器。现在工程实际中广泛采用有源校正。

### 5.3.1 超前校正装置

如果一个串联校正装置的对数幅频曲线有正斜率,相频特性曲线具有正相移,这个校正

装置就称为超前校正装置。PD 控制器是高通滤波器,属于超前校正装置。

### 1. 无源超前校正装置

图 5.3.1 所示是由电阻和电容组成的无源超前校正网络的电路图,其传递函数为

$$G_c(s) = \frac{U_o(s)}{U_i(s)} = \frac{1}{a} \cdot \frac{aTs+1}{Ts+1} = \frac{s+\dfrac{1}{aT}}{s+\dfrac{1}{T}} \tag{5.3.1}$$

式中,$T = \dfrac{R_1 R_2}{R_1 + R_2} C$；$a = \dfrac{R_1 + R_2}{R_2} > 1$,$a$ 称为超前网络的分度系数。

由校正装置的传递函数表达式可知,增益 $\dfrac{1}{a} < 1$ 时,在系统校正时,必然使整个系统放大倍数降低至原来的 $1/a$,因此在使用无源串联超前校正装置时,必须加放大器,其放大倍数为 $a$,以补偿校正装置对信号的衰减作用。

假设该装置的衰减作用已被放大器所补偿,则式(5.3.1)可写为

$$G_c(s) = \frac{aTs+1}{Ts+1} \tag{5.3.2}$$

其对数幅频特性和对数相频特性分别为

$$L(\omega) = 20\lg A(\omega) = 20\lg \frac{\sqrt{(aT\omega)^2 + 1}}{\sqrt{(T\omega)^2 + 1}} \tag{5.3.3}$$

$$\varphi(\omega) = \arctan a\omega T - \arctan \omega T \tag{5.3.4}$$

其对数频率特性曲线如图 5.3.2 所示。

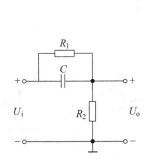

图 5.3.1　无源超前校正网络

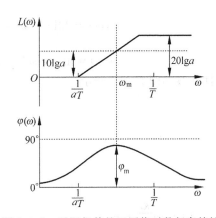

图 5.3.2　无源超前校正网络对数频率特性

可见,无源超前校正网络具有相位超前的作用,即输出相位总是超前于输入相位,且当输入角频率为 $\omega_m$ 时,产生最大超前相位角 $\varphi_m$,超前网络的最大超前角 $\varphi_m$ 只与分度系数 $a$ 有关,且 $a$ 越大,$\varphi_m$ 越大,即超前作用越强。

### 2. 有源超前校正装置

图 5.3.3 所示为有源超前校正装置。当放大器的放大倍数很大时,该网络传递函数为

$$G_c(s) = -K_c \frac{aTs+1}{Ts+1} \qquad (5.3.5)$$

式中，$K_c = \dfrac{R_2+R_3}{R_1}$；$a = 1 + \dfrac{R_2R_3}{R_4(R_2+R_3)} > 1$；$T = R_4C$；"—"号表示反向输入端。可见该网络具有相位超前特性，当 $K_c = 1$ 时，如不考虑"—"号，其对数频率特性近似于无源超前校正网络的对数频率特性。

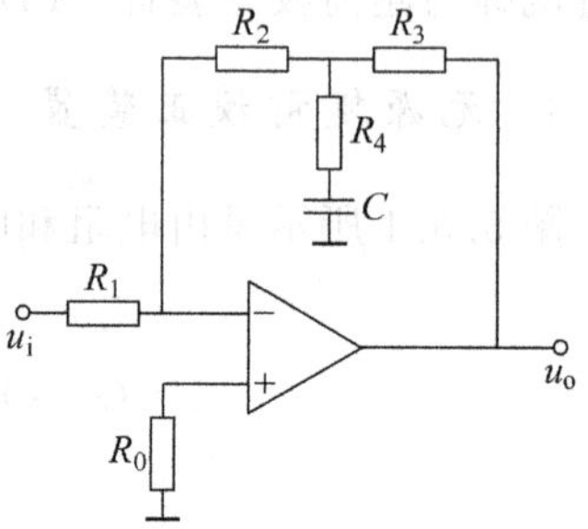

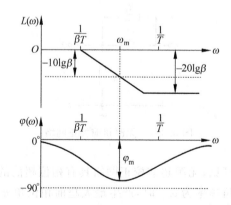

图 5.3.3　有源超前校正网络

### 5.3.2　滞后校正装置

如果一个串联校正装置的对数幅频特性曲线具有负斜率，相频特性曲线具有负相移，这种装置称为滞后校正装置。I 控制器和 PI 控制器都为滞后校正装置。

#### 1. 无源滞后校正装置

图 5.3.4 是由电阻和电容组成的无源滞后校正网络的电路图，其传递函数为

$$G_c(s) = \frac{U_o(s)}{U_i(s)} = \frac{R_2Cs+1}{\beta R_2Cs+1} = \frac{Ts+1}{\beta Ts+1} \qquad (5.3.6)$$

式中，$T = R_2C$；$\beta = \dfrac{R_1+R_2}{R_2} > 1$，$\beta$ 为滞后网络的分度系数。

由传递函数表达式可知，校正装置的增益为 1，在系统校正时，不会改变系统放大倍数，因此在使用无源串联滞后校正装置时，不必外加放大器。

无源滞后校正装置的对数幅频特性和对数相频特性分别为

$$L(\omega) = 20\lg A(\omega) = 20\lg \frac{\sqrt{(T\omega)^2+1}}{\sqrt{(\beta T\omega)^2+1}} \qquad (5.3.7)$$

$$\varphi(\omega) = \arctan\omega T - \arctan\beta\omega T \qquad (5.3.8)$$

其频率特性曲线如图 5.3.5 所示。

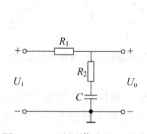

图 5.3.4　无源滞后校正网络

图 5.3.5　无源滞后校正网络对数频率特性

串联滞后校正突出的特点是校正后开环截止频率 $\omega_c$ 减小，从而增加系统的相角裕度 $\gamma$，提高系统的相对稳定性，$\omega_c$ 的减小必然使频带宽度变窄，系统快速性能变差。

**2. 有源滞后校正装置**

图 5.3.6 所示为一种有源滞后校正装置。当放大器的放大倍数很大时，该网络传递函数为

$$G_c(s) = -K_c \frac{Ts+1}{\beta Ts+1} \qquad (5.3.9)$$

式中，$K_c = \dfrac{R_3}{R_1}$；$\beta = \dfrac{R_2 + R_3}{R_2} > 1$；$T = R_2 C$；"$-$"表示反向输入端。网络具有相位滞后特性，当 $K_c = 1$ 时，如不考虑"$-$"，其对数频率特性近似于无源滞后校正网络的对数频率特性。

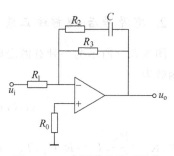

图 5.3.6　有源滞后校正网络

## 5.3.3　滞后-超前校正装置

串联滞后-超前校正设计是指既有滞后校正作用又有超前校正作用的校正装置设计。从相频特性看，该装置既有超前特性，又有滞后特性，它综合了串联超前校正响应快、超调小和串联滞后校正高稳定性、高精度的优点，能全面提高系统的各项性能指标。PID 控制器即为一种滞后-超前网络。

**1. 无源滞后-超前校正装置**

图 5.3.7 所示是由电阻和电容组成的无源滞后-超前校正网络的电路图，其传递函数为

$$G_c(s) = \frac{(1+T_i s)(1+T_d s)}{T_i T_d s^2 + (T_i + T_d + T_{id})s + 1} \qquad (5.3.10)$$

式中，$T_i = R_1 C_1$；$T_d = R_2 C_2$；$T_{id} = R_1 C_2$。

无源滞后-超前校正装置的对数频率特性曲线如图 5.3.8 所示。

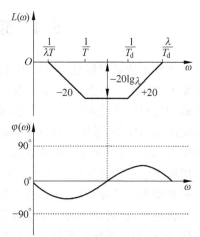

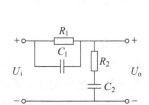

图 5.3.7　无源滞后-超前校正网络　　　图 5.3.8　无源滞后-超前校正网络对数频率特性

由图 5.3.8 可见,对数频率特性的低频段具有负相角,起滞后校正作用;高频段具有正相角,起超前校正作用。

### 2. 有源滞后-超前校正装置

图 5.3.9 所示为一种有源滞后-超前校正装置。当放大器的放大倍数很大时,该网络传递函数为

$$G_c(s) = -K_c \frac{(T_1 s + 1)(T_2 s + 1)}{T_2 s} \tag{5.3.11}$$

式中,$K_c = \dfrac{R_2}{R_1}$,$T_1 = R_1 C_1$,$T_2 = R_2 C_2$,"$-$"表示反向输入端。如不考虑"$-$",其对数频率特性如图 5.3.10 所示。

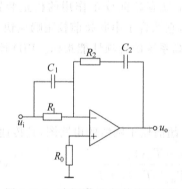

图 5.3.9  有源滞后-超前校正网络

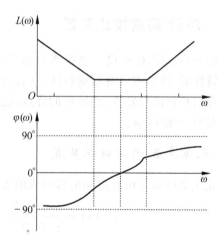

图 5.3.10  有源滞后-超前校正网络对数频率特性

## 5.4  频率法串联校正

频率法校正就是根据系统的开环对数频率特性曲线,以满足稳态误差、开环截止频率和相角裕度等指标为出发点,设计校正装置,主要通过伯德图来实现。线性系统中,开环频率特性的低频段反映了系统的稳态性能,根据稳态指标确定低频段的斜率及高度;中频段反映了系统的动态性能,系统应具有足够的中频宽度;而高频段反映了系统的抗干扰性,为抑制高频噪声,高频段应尽可能迅速衰减。

利用频率法进行设计时有两种方法:分析法和期望特性法。分析法是首先对比原系统性能指标和要求的性能指标,选择校正装置形式,然后确定校正装置参数,校验校正后系统性能是否满足要求,需要多次尝试;期望特性法是根据系统性能指标要求,确定校正后系统频率特性,然后和原系统频率特性作比较,确定校正方式及校正装置的参数,这种方法只适用于最小相位系统。

### 5.4.1 频率法串联超前校正

串联超前校正利用超前校正网络相角超前特性进行校正。超前校正的设计原则是：校正后系统截止频率等于校正装置的最大超前相角频率，提高原系统中频段特性的高度，增大系统的截止频率，提高系统的相角裕度。

超前校正装置的传递函数为：$G_c(s) = \dfrac{aTs+1}{Ts+1}$（若不考虑其幅值衰减作用），超前校正即是确定校正装置的参数 $a$ 和 $T$。

#### 1. 串联超前校正装置设计步骤

（1）根据稳态误差或误差系数的要求，确定开环增益 $K$，并绘制原系统的对数频率特性曲线 $L_0(\omega)$ 和 $\varphi_0(\omega)$，确定原系统的截止频率 $\omega_c$、相角裕度 $\gamma$ 和幅值裕度 $h$。

（2）根据校正后系统的相角裕度 $\gamma'$，确定校正系统应提供的最大超前相角 $\varphi_m$。

（3）由 $\varphi_m$ 确定超前校正参数 $a$。

（4）计算超前校正系统的最大超前角频率 $\omega_m$。前提是 $\omega'_c = \omega_m$，$\omega'_c$ 为校正后系统的截止频率，此时校正前后的系统及校正装置的幅值之间的关系满足

$$L(\omega'_c) = L_0(\omega'_c) + L_c(\omega'_c) = L_0(\omega'_c) + L_c(\omega_m) \tag{5.4.1}$$

式中，$L(\omega'_c)$ 表示校正后系统在校正后截止频率 $\omega'_c$ 处的对数幅值，应为零，即 $L(\omega'_c) = 0$；$L_c(\omega_m)$ 表示校正装置在 $\omega_m$ 处的对数幅值。已知 $L_c(\omega_m) = 10\lg a$，从而得到 $L_0(\omega'_c) = -10\lg a$，在原系统开环幅频特性曲线上找到相应点，频率为 $\omega'_c$，即 $\omega_m$。

（5）确定超前校正参数 $T$。

（6）校验校正后系统的性能指标是否满足要求，若不满足，修改校正装置的形式或参数重复以上过程。

#### 2. 超前校正的特点

超前校正使系统开环截止频率增大，闭环频带宽度增加，响应速度加快，提高了系统的动态性能。但是截止频率增大使得频率特性高频段幅值提高，降低了系统抗高频噪声能力，对系统稳态性能的改善很有限。串联超前校正装置结构简单，易于实现。但需注意，超前校正一般需要增加放大器以补偿超前网络对增益的衰减作用；且若待校正系统在其截止频率附近的相角衰减较快，或者待校正系统不稳定，一般不宜采用超前校正。

### 5.4.2 频率法串联滞后校正

串联滞后校正利用滞后校正网络的高频幅值衰减特性，降低系统开环截止频率，提高系统的相角裕度。采用滞后校正应避免校正装置的最大滞后相角频率发生在校正后系统的开环截止频率附近。

若滞后校正装置的传递函数为 $G_c(s) = \dfrac{1+bTs}{1+Ts}$，滞后校正即是确定校正装置的参数 $b$ 和 $T$。

### 1. 串联滞后校正装置设计步骤

（1）根据稳态误差或误差系数的要求，确定开环增益 $K$，并绘制原系统的对数频率特性曲线 $L_0(\omega)$ 和 $\varphi_0(\omega)$，确定原系统的截止频率 $\omega_c$、相角裕度 $\gamma$ 和幅值裕度 $h$。

（2）根据校正后系统的相角裕度 $\gamma'$，确定校正后系统的开环截止频率 $\omega_c'$。

（3）确定滞后校正参数 $b$ 和 $T$。

$$L(\omega_c') = L_0(\omega_c') + L_c(\omega_c') = L_0(\omega_c') + 20\lg b = 0 \qquad (5.4.2)$$

$$\frac{1}{bT} = 0.1\omega_c \qquad (5.4.3)$$

（4）校验校正后系统的性能指标是否满足要求，若不满足，修改校正装置的形式或参数重复以上过程。

### 2. 滞后校正的特点

滞后网络对低频有用信号不产生衰减，低频段的开环增益不受影响，使系统具有较好的稳态精度。滞后校正使系统开环截止频率减小，相角裕度增加，从而改善系统动态响应的相对稳定性并提高系统的抗干扰能力。但是截止频率减小会导致系统闭环频带宽度降低，系统响应变慢。所以滞后校正一般用在对响应速度要求不高、对抗高频干扰信号能力要求较高的系统。

## 5.4.3 频率法串联滞后-超前校正

串联滞后-超前校正是将滞后校正装置和超前校正装置组合在一起的校正方式。滞后-超前校正兼有滞后校正和超前校正的优点，超前部分可以提高系统的相角裕度，同时使频带变宽，改善系统动态性能；滞后校正部分抑制高频噪声，提高系统的稳态精度。如果待校正系统性能指标与希望的性能指标相差很大，仅仅采用超前校正或滞后校正不能满足要求，或者待校正系统不稳定且要求校正后系统的响应速度、相角裕度和稳态精度较高，以采用串联滞后-超前校正为宜。

## 5.4.4 串联综合法校正

综合法又称期望特性法，是根据已知的系统时域或频域性能指标，逐段绘制期望开环对数幅频特性，然后与原系统频率特性曲线比较，从而确定校正装置的频率特性或传递函数。因此绘制系统的期望对数幅频特性曲线是首要问题。

### 1. 绘制期望对数幅频特性曲线

绘制期望对数幅频特性曲线应考虑到不同频段的绘制方法：低频段，根据对系统稳态误差或误差系数的要求，确定期望特性的低频段；中频段，根据给定时域性能指标，即超调量 $\sigma\%$ 和调节时间 $t_s$，计算出谐振峰值 $M_r$ 和截止频率 $\omega_c$，然后确定期望特性截止频率左右两侧的转折频率点；高频段，为使校正装置易于实现，一般使原系统的高频特性斜率和期望特性的高频特性斜率相同，或完全重合。

### 2. 按期望特性对系统进行串联校正

设原系统传递函数为 $G_0(s)$，校正装置传递函数为 $G_c(s)$，则校正后系统开环传递函数为

$$G(s) = G_0(s)G_c(s) \tag{5.4.4}$$

开环频率特性为

$$G(j\omega) = G_0(j\omega)G_c(j\omega) \tag{5.4.5}$$

开环对数频率特性为

$$20\lg|G(j\omega)| = 20\lg|G_0(j\omega)| + 20\lg|G_c(j\omega)| \tag{5.4.6}$$

在系统设计时，可由期望对数幅频特性减去原系统对数幅频特性，即得到校正装置的对数幅频特性，从而确定校正装置。利用期望特性法进行串联校正的设计步骤如下：

（1）绘制原系统对数幅频特性曲线。

（2）根据对系统开环放大系数和系统类型的要求绘制期望对数频率特性的低频部分。根据对系统动态性能指标（如响应速度和阻尼程度）的要求绘制期望对数频率特性的中频段。根据对系统幅值裕度及抑制高频噪声的要求，绘制期望对数频率特性高频段。绘制低频段和中频段的衔接频段，其斜率一般与前后频段相差 $-20\text{dB/dec}$。中频段与高频段衔接一般用 $-40\text{dB/dec}$ 的直线。

（3）由期望对数幅频特性减去原系统对数幅频特性，得到串联校正装置的对数幅频特性，从中确定其传递函数。

（4）验算校正后系统性能是否满足要求，若不满足，适当调整期望特性中频段各转折频率值，比如降低低频段转折频率或提高高频段转折频率等方法，重新计算。

## 5.5 反馈校正

### 5.5.1 反馈校正的原理与特点

反馈校正就是校正装置接在系统的局部反馈通道中，与系统的不可变部分或不可变部分中的一部分成反馈连接的方式。反馈校正有负反馈校正和正反馈校正，负反馈校正较为常见，如图 5.5.1 所示。

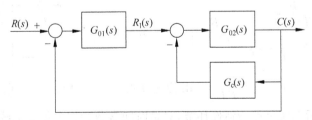

图 5.5.1 负反馈校正系统

由图 5.5.1 可以看出校正前系统开环传递函数为

$$G_0(s) = G_{01}(s)G_{02}(s) \tag{5.5.1}$$

加局部校正后,系统开环传递函数为

$$G(s) = G_{01}(s) \frac{G_{02}(s)}{1 + G_c(s)G_{02}(s)} \qquad (5.5.2)$$

其开环频率特性为

$$G(j\omega) = G_{01}(j\omega) \frac{G_{02}(j\omega)}{1 + G_c(j\omega)G_{02}(j\omega)} \qquad (5.5.3)$$

若 $\omega$ 在一定的频率范围内取值,可使局部小闭环的开环对数幅频特性幅值远小于 1,即 $|G_c(j\omega)G_{02}(j\omega)| \ll 1$,则校正后系统的频率特性为

$$G(j\omega) \approx G_{01}(j\omega)G_{02}(j\omega) \qquad (5.5.4)$$

可知,这时校正前后频率特性基本不变,校正装置不起作用。

若 $\omega$ 在一定的频率范围内取值,可使局部小闭环的开环对数幅频特性幅值远大于 1,即 $|G_c(j\omega)G_{02}(j\omega)| \gg 1$,则校正后系统的频率特性为

$$G(j\omega) \approx G_{01}(j\omega) \frac{1}{G_c(j\omega)} \qquad (5.5.5)$$

可知,这时校正后系统频率特性与两个部分有关,一个是原系统中不被校正装置包围的部分,一个是校正装置。由于反馈作用很强,局部反馈环的频率特性近似等于校正装置频率特性的倒数,校正后原系统中被校正装置包围的部分几乎不会影响到校正后系统频率特性。系统设计时,只要合理选择校正装置的结构和参数,就可使系统的频率特性朝着期望的目标变化,从而改善系统性能。

与串联校正相比,反馈校正有较为突出的优点:有效抑制系统中不可变部分中被控制装置包围部分的参数变化及干扰信号对系统性能造成的影响。在一定条件下,校正装置能完全取代被它包围部分的频率特性,从而大大减弱这部分性能有可能给系统带来的不利影响。

### 5.5.2　典型的反馈校正系统

#### 1. 比例负反馈

如图 5.5.2 所示为比例负反馈包围惯性环节。

加入比例负反馈后,系统传递函数变为

$$G(s) = \frac{\dfrac{K}{Ts+1}}{1 + K_c \dfrac{K}{Ts+1}} = \frac{K'}{T's+1} \qquad (5.5.6)$$

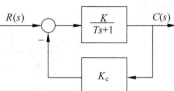

图 5.5.2　比例负反馈系统

式中,$K' = \dfrac{K}{1+KK_c}$; $T' = \dfrac{T}{1+KK_c}$。由传递函数表达式可知,校正后系统仍然为惯性环节,只是时间常数和放大倍数都减小了 $1/(1+KK_c)$ 倍。时间常数减小,说明惯性减弱,可使过渡时间减小。从频率特性上看,时间常数减小,闭环带宽增加,系统响应速度变快;放大系数减小,系统稳态精度下降,可通过提高前置放大器的增益来弥补。

### 2. 微分负反馈

图 5.5.3 所示为微分负反馈包围振荡环节。

加入微分负反馈后,系统传递函数变为

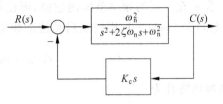

$$G(s) = \frac{\omega_n^2}{s^2 + (2\zeta\omega_n + K_c\omega_n^2)s + \omega_n^2}$$

$$= \frac{\omega_n^2}{s^2 + 2\zeta'\omega_n s + \omega_n^2} \qquad (5.5.7)$$

图 5.5.3 微分负反馈系统

式中,$\zeta' = \zeta + \dfrac{1}{2}K_c\omega_n$。由校正后的系统传

递函数可以看出,校正后系统仍为二阶振荡环节,无阻尼振荡角频率未变,即 $\omega_n' = \omega_n$,但是阻尼比增大了。因此系统时域超调量减小,调节时间减小,平稳性得到提高。

微分负反馈是将被包围环节输出量的速度信号反馈至输入端,故又称为速度反馈。微分负反馈校正的作用与比例微分串联校正的作用类似,只是微分负反馈校正后并没有给系统增加零点,所以输出响应平稳性更好。但是由于负反馈的加入,系统放大系数降低,影响到系统的稳态精度,所以可以采取提高系统增益的方法来克服影响。微分负反馈不但具有比例微分校正的作用,而且由于反馈控制可以对被包围部分的参数、干扰信号及系统高频噪声等进行有效抑制,因此微分负反馈校正广泛应用在随动系统中。

## 5.5.3 综合法反馈校正

综合法反馈校正就是根据系统提出的性能指标,绘出系统的期望特性,然后与原系统的频率特性相比较,进而确定反馈校正装置。设反馈校正系统如图 5.5.4 所示。

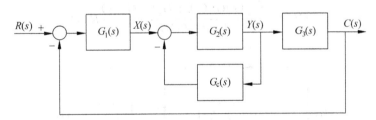

图 5.5.4 具有局部负反馈系统

原系统的开环传递函数为

$$G_0(s) = G_1(s)G_2(s)G_3(s) \qquad (5.5.8)$$

校正后系统的开环传递函数为

$$G(s) = \frac{G_1(s)G_2(s)G_3(s)}{1 + G_2(s)G_c(s)} = \frac{G_0(s)}{1 + G_2(s)G_c(s)} \qquad (5.5.9)$$

校正后系统的频率特性为

$$G(j\omega) = \frac{G_0(j\omega)}{1 + G_2(j\omega)G_c(j\omega)} \qquad (5.5.10)$$

若 $\omega$ 在一定的频率范围内取值,可使局部小闭环的开环对数幅频特性幅值远小于 1,即

$|G_c(j\omega)G_2(j\omega)|\ll1$,则校正后系统的频率特性为

$$G(j\omega) \approx G_0(j\omega) \tag{5.5.11}$$

可知,这时校正前后频率特性基本不变,校正装置不起作用。

若 $\omega$ 在一定的频率范围内取值,可使局部小闭环的开环对数幅频特性幅值远大于1,即 $|G_c(j\omega)G_2(j\omega)|\gg1$,则校正后系统的频率特性为

$$G(j\omega) \approx \frac{G_0(j\omega)}{G_2(j\omega)G_c(j\omega)} \tag{5.5.12}$$

对数幅频特性为

$$201g(G_2(j\omega)G_c(j\omega)) \approx 201gG_0(j\omega) - 201gG(j\omega) \tag{5.5.13}$$

可知,在 $|G_c(j\omega)G_2(j\omega)|\gg1$ 的频带范围,原系统频率特性减去校正后频率特性,即得到 $201g(G_2(j\omega)G_c(j\omega))$ 的频率特性,进而确定校正装置的 $G_c(s)$。

# 5.6　复　合　校　正

线性控制系统的串联校正和反馈校正是常用的校正方法,其共同特点是校正装置均接在闭环控制回路内,系统是通过反馈控制调节的。采用串联校正或反馈校正可在一定程度上改善系统性能指标,但是如果对系统静态和动态性能要求都很高,或者系统存在强干扰时,用单一的校正方式很难全面满足系统性能的要求。工程中通常在串联校正或反馈校正的同时引入前馈校正或扰动补偿组成控制系统复合控制系统。

## 5.6.1　反馈控制与前馈校正的复合校正

反馈控制与前馈校正的复合校正系统如图 5.6.1 所示。系统输出 $C(s)$ 为

$$C(s) = \frac{G_1(s)G_2(s) + G_c(s)G_2(s)}{1 + G_1(s)G_2(s)}R(s) \tag{5.6.1}$$

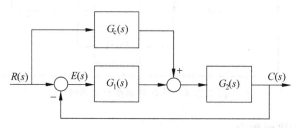

图 5.6.1　按输入补偿的复合校正系统

若前馈校正装置的传递函数 $G_c(s)$ 为 $G_c(s)=1/G_2(s)$,即当选择校正装置的传递函数为受控对象传递函数的倒数时,可使输出完全复现输入,即完全补偿。前馈装置完全消除了输入信号作用时的误差,系统具有很好的跟随性能。但要想实现完全跟随是很困难的,一般只需做到满足跟随精度的部分补偿即可,而且也是完全可以做到的。系统的稳态误差为

$$e_{ss} = \lim_{s \to 0} sE(s) = \lim_{s \to 0} s\frac{1 - G_c(s)G_2(s)}{1 + G_1(s)G_2(s)}R(s) \tag{5.6.2}$$

在给定信号作用下,根据系统稳态误差要求,确定前馈校正装置的 $G_c(s)$。

### 5.6.2 反馈控制与扰动补偿校正的复合校正

反馈控制与扰动补偿校正的复合校正系统如图 5.6.2 所示。系统输出为

$$C(s)=\frac{G_1(s)G_2(s)}{1+G_1(s)G_2(s)}R(s)+\frac{G_1(s)G_2(s)G_c(s)+G_2(s)}{1+G_1(s)G_2(s)}N(s) \tag{5.6.3}$$

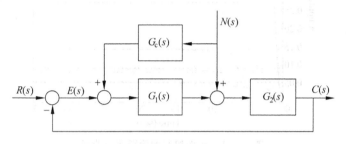

图 5.6.2 按扰动补偿的复合校正系统

可知,$C(s)$ 的表达式由两部分组成,第一项为给定输入 $R(s)$ 经反馈回路控制系统的输出,第二项为扰动信号及前馈控制产生的输出。正确选择补偿装置的 $G_c(s)$,即 $G_c(s)=-1/G_1(s)$ 时,扰动信号对系统输出的影响可以得到完全补偿,从而增强系统的抗干扰能力,提高控制精度。

扰动补偿校正时,扰动信号必须可测,否则无法实现前馈补偿;校正装置要物理可实现。以上两种复合校正都是开环控制,因此要求组成补偿装置的各种元器件具有较高的参数稳定性,否则会影响补偿效果,并给系统输出造成新的误差。

## 5.7 基于 MATLAB 的线性控制系统校正

**例 5.7.1** 研究 PID 各控制环节的作用。对一个三阶系统,传递函数如下,研究比例系数、积分时间常数、微分时间常数对单位阶跃响应曲线的影响。

$$G(s)=\frac{1}{s^3+2s^2+5s+1}$$

**解**:(1) 采用比例控制,不同比例系数 $K_p$ 下闭环系统的单位阶跃响应曲线如图 5.7.1 所示。

MATLAB 程序如下:

```
G = tf(1,[1,2,5,1]);
p = 0.1:0.5:3.5;
for i = 1:length(p)
G = feedBack(p(i) * G,1);
step(G),hold on
end
```

随着 $K_p$ 增大,系统响应速度加快,平稳性变差,系统稳态误差减小,当 $K_p$ 增大到一定值时,系统趋于不稳定。

(2) 采用比例积分 PI 控制,$K_p$ 不变,不同积分时间常数 $T_i$ 下闭环系统的单位阶跃响应曲线如图 5.7.2 所示。

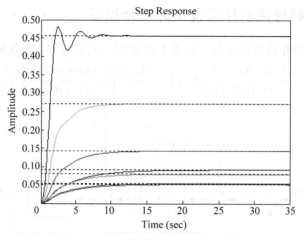

图 5.7.1　比例控制的阶跃响应曲线

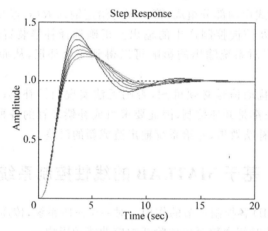

图 5.7.2　比例积分控制的阶跃响应曲线

MATLAB 程序如下：

```
Kp = 2;Ti = 1:0.1:1.5;
G = tf(1,[1,2,5,1]);
for i = 1:length(Ti);
Gc = tf(Kp * [1,1/Ti(i)],[1,0]);
G1 = feedBack(G * Gc,1);
step(G1),hold on
end
axis([0,20,0,1.5])
```

比例积分 PI 控制可使稳定的系统无稳态误差，增大 $T_i$，系统平稳性变好，响应速度变慢；$T_i$ 过小，系统趋于不稳定。

（3）采用比例积分微分 PID 控制，保持 $K_p$、$T_i$ 不变，不同微分时间常数 $T_d$ 作用下闭环系统单位阶跃响应曲线如图 5.7.3 所示。

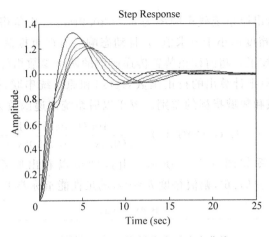

图 5.7.3　PID 控制的阶跃响应曲线

MATLAB 程序如下：

```
Kp = 2;Ti = 1;Td = 0.2:0.4:2;
G = tf(1,[1,2,5,1]);
for i = 1:length(Td);
Gc = tf(Kp * [Td(i),1,1/Ti],[1,0]);
G1 = feedBack(G * Gc,1);
step(G1),hold on
end
```

随着 $T_d$ 值增大，系统响应速度加快，相应幅值增加。

**例 5.7.2**　频率法的串联超前校正。对一个线性控制系统，传递函数如下，要求设计串联校正装置，使系统满足：开环增益 $K_v \geqslant 100s^{-1}$，相角裕度 $\gamma \geqslant 55°$，幅值裕度 $h \geqslant 10\mathrm{dB}$。

$$G_0(s) = \frac{K}{s(0.1s + 1)}$$

**解：**由 $K_v \geqslant 100s^{-1}$，确定表达式中 $K = 100$，绘制原系统伯德图，如图 5.7.4 所示。

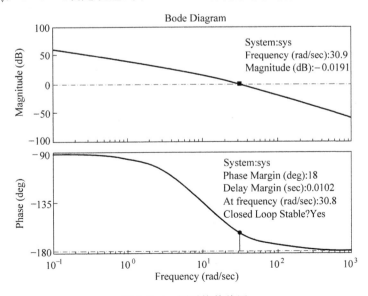

图 5.7.4　原系统伯德图

由图 5.7.4 可以看出原系统截止频率为 $\omega_c = 30.9\text{rad/s}$,相角裕度 $\gamma_0 \geqslant 18°$,幅值裕度 $h = \infty$。原系统的相角裕度远小于要求值,并且动态响应有严重振荡,为了实现性能指标要求,系统进行串联超前校正。超前校正装置传递函数的两个参数指标 $\alpha$ 和 $T$ 的求解方法书中已有详细讲解,这里只把计算出的校正函数 $G_c(s)$ 和原系统串联,得到超前校正网络,并对比校正前后系统时域和频域指标的差别。校正以后系统传递函数为

$$G(s) = K_c G_0(s) G_c(s) = \frac{100(0.049s + 1)}{s(0.1s + 1)(0.008s + 1)}$$

校正后系统伯德图如图 5.7.5 所示。由该图可以看出原系统截止频率为 $\omega_c = 48.1\text{rad/s}$,相角裕度 $\gamma_0 \geqslant 57.6°$,幅值裕度 $h = \infty$,满足性能指标要求。

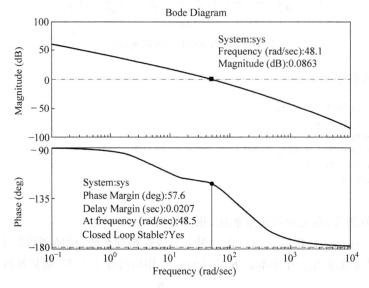

图 5.7.5 校正后系统伯德图

# 第 6 章

# 基础性实验

## 6.1 线性控制系统的时域分析

### 1. 实验目的

(1) 了解和掌握 AEDK-LabACTn 实验箱主实验板的使用方法。

(2) 了解和掌握各典型环节及二阶系统模拟电路的构成方法。

(3) 观察和记录系统的阶跃响应,分析参数变化对系统性能的影响。

(4) 掌握根据阶跃响应曲线来测量系统动态性能指标的方法。

### 2. 实验原理

通常在阶跃函数作用下,测定或计算系统的动态性能。动态性能指标,是指描述稳定的系统在单位阶跃函数作用下,动态过程随时间 $t$ 的变化状况的指标。

简单的一、二阶系统,其动态性能指标通常定义如下:

峰值时间 $t_p$:响应超过其终值到达第一个峰值所需的时间。

调节时间 $t_s$:响应到达并保持在终值 $\pm 5\%$ 误差内所需的最短时间。

超调量 $\sigma\%$:响应的最大偏离量 $h(t_p)$ 与终值 $h(\infty)$ 的差与终值 $h(\infty)$ 之比的百分数,即

$$\sigma\% = \frac{h(t_p) - h(\infty)}{h(\infty)} \times 100\% \tag{6.1.1}$$

典型 I 型二阶系统的结构图如图 6.1.1 所示。

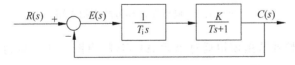

图 6.1.1 典型 I 型二阶系统的结构图

由图 6.1.1 可得,I 型二阶系统的开环传递函数和闭环传递函数分别为式(6.1.2)和式(6.1.3),即

$$G(s) = \frac{K}{T_i s (Ts + 1)} \tag{6.1.2}$$

$$\Phi(s) = \frac{K}{T_i s(Ts+1)+K} = \frac{K}{T_i T s^2 + T_i s + K} \qquad (6.1.3)$$

二阶系统闭环传递函数的标准形式为

$$\Phi(s) = \frac{\omega_n^2}{s^2 + 2\zeta\omega_n s + \omega_n^2} \qquad (6.1.4)$$

将式(6.1.3)和式(6.1.4)进行比较,即可得

$$\omega_n = \sqrt{\frac{K}{T_i T}} \qquad (6.1.5)$$

$$\zeta = \frac{1}{2}\sqrt{\frac{T_i}{KT}} \qquad (6.1.6)$$

欠阻尼二阶系统的动态性能指标的计算公式分别为式(6.1.7)、式(6.1.8)和式(6.1.9),即

$$\sigma\% = e^{-\frac{\zeta\pi}{\sqrt{1-\zeta^2}}} \times 100\% \qquad (6.1.7)$$

$$t_p = \frac{\pi}{\omega_n\sqrt{1-\zeta^2}} \qquad (6.1.8)$$

$$t_s = \frac{3}{\zeta\omega_n}(\Delta = \pm 5\%) \qquad (6.1.9)$$

### 3. 实验内容与要求

1) 观察惯性环节的阶跃响应

典型惯性环节的模拟电路如图 6.1.2 所示,输入信号 $U_i = 4\mathrm{V}$,要求观察惯性环节中当 $K=1$、$T=0.2\mathrm{s}$,$K=1$、$T=0.4\mathrm{s}$,$K=0.5$、$T=0.1\mathrm{s}$ 时的阶跃响应。

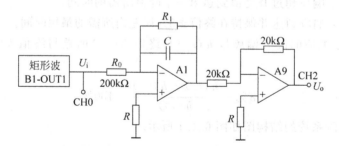

图 6.1.2 典型惯性环节的模拟电路

图 6.1.2 中,惯性环节由模拟运算单元 A1 实现,由图 6.1.2 可得传递函数为 $G(s) = \frac{U_o(s)}{U_i(s)} = \frac{K}{1+Ts}$,其中 $K = \frac{R_1}{R_0}$,$T = R_1 C$,惯性环节的数值见表 6.1.1。

表 6.1.1 惯性环节的数据表

| 序号 | $K$、$T$ 的取值 | $R_1/\mathrm{k}\Omega$ | $C/\mu\mathrm{F}$ |
|---|---|---|---|
| 1 | $K=1$、$T=0.2\mathrm{s}$ | 200 | 1 |
| 2 | $K=1$、$T=0.4\mathrm{s}$ | 200 | 2 |
| 3 | $K=0.5$、$T=0.1\mathrm{s}$ | 100 | 1 |

2) 观察二阶系统的瞬态响应和稳定性

典型Ⅰ型二阶系统的模拟电路如图 6.1.3 所示,输入信号 $U_i = 3\text{V}$,要求观察二阶系统中不同阻尼比 $\zeta$(改变图 6.1.3 中的可变电阻 $R_3$,即可改变阻尼比 $\zeta$,$R_3$ 的取值见表 6.1.3)时的阶跃响应。

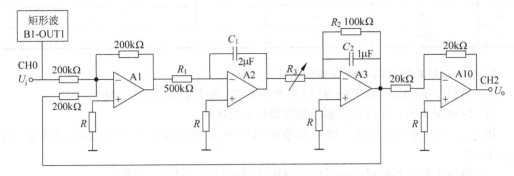

图 6.1.3　Ⅰ型二阶系统的模拟电路

### 4. 实验步骤

1) 观察惯性环节的阶跃响应

(1) 用信号源(B1)区的 B1-OUT1 产生矩形波,构造输入信号 $U_i$,使 $U_i = 4\text{V}$。

(2) 按照图 6.1.2 进行短接帽的放置和相应的连线。

图 6.1.2 中,A1 单元的电阻 $R_1$ 和电容 $C$ 的数值是选取表 6.1.1 中的第一组数据 $(R_1 = 200\text{k}\Omega$、$C = 1\mu\text{F})$。

(3) 将输出连接到虚拟示波器(A9-OUT 连接到 B2-CH2×1 挡)。

(4) 运行、观察、测量。

① 运行、观察

运行 LabACTn 程序。在实验软件界面中依次单击"**自动控制原理实验**"→"**线性系统时域分析**"→"**典型环节**"→"**惯性环节**"→"**启动实验项目**",会弹出"**虚拟示波器**"界面,在界面右侧的"**信号源参数区**",将矩形波的幅度设置为 4 伏,单击界面右侧的"**下载**"按钮进行参数的下载,再单击"**开始**"按钮,实验运行。当"**停止**"按钮重新变成"**开始**"按钮时,说明系统的阶跃响应曲线绘制完毕,即可进行数据测量。

② 测量

首先移动虚拟示波器纵坐标的第 1 个游标,使之与输出信号的终值 $U_o(\infty)$ 重合,再移动第 2 个游标,使之与 $0.632 \times U_o(\infty)$ 的水平线重合。然后移动虚拟示波器横坐标的第 1 个游标,使之与输入信号 $U_i$ 产生阶跃信号的起点重合,再移动第 2 个游标,使之与输出曲线和 $0.632 \times U_o(\infty)$ 的水平线的交点重合,此时曲线图下方显示的"△时间"即为惯性环节时间常数 $T$。用类似的方法测量调节时间 $t_s(\Delta = \pm5\%)$。将测量的 $T$ 和 $t_s$ 填入表 6.1.2 中。

(5) 改变惯性环节时间常数 $T$ 和比例系数 $K$。

改变惯性环节时间常数 $T$ 和比例系数 $K$ 是通过改变 A1 单元的电阻 $R_1$ 和电容 $C$ 实现的,具体取值见表 6.1.1 中的第 2 组、第 3 组数据,重复"实验步骤(4)",重新观察阶跃响应曲线,根据曲线测量 $T$ 和 $t_s$,将测量的数据填入表 6.1.2 中。

表 6.1.2    惯性环节的数据记录表

| 序号 | $R_1/\text{k}\Omega$ | $C/\mu\text{F}$ | $T$ | | $t_s(\Delta=\pm5\%)$ | |
|---|---|---|---|---|---|---|
| | | | 测量值 | 计算值 | 测量值 | 计算值 |
| 1 | 200 | 1 | | | | |
| 2 | 200 | 2 | | | | |
| 3 | 100 | 1 | | | | |

2) 观察二阶系统的瞬态响应和稳定性

(1) 用信号源(B1)区的 B1-OUT1 产生矩形波,构造输入信号 $U_i$,使 $U_i=3\text{V}$。

(2) 按照图 6.1.3 进行短接帽的放置和相应的连线。

图 6.1.3 中,可变电阻 $R_3$ 用实验箱中 A11 单元的直读式可变电阻,将其数值调到 $R_3=10\text{k}\Omega$。

(3) 将输出连接到虚拟示波器(A10-OUT 连接到 B2-CH2×1 挡)。

(4) 运行、观察、测量。

① 运行、观察

运行 LabACTn 程序。在实验软件界面中依次单击"**自动控制原理实验**"→"**线性系统时域分析**"→"**二阶系统瞬态响应和稳定性**"→"**启动实验项目**",会弹出"**虚拟示波器**"界面,在界面右侧的"**信号源参数区**",将矩形波的幅度设置为 3 伏,单击界面右侧的"**下载**"按钮进行参数的下载,再单击"**开始**"按钮,实验运行。当"**停止**"按钮重新变成"**开始**"按钮时,说明系统的阶跃响应曲线绘制完毕,即可进行数据测量。

② 测量

首先移动虚拟示波器纵坐标的第 1 个游标,使之与输出信号的峰值 $U_o(t_p)$ 对应的水平线重合,再移动纵坐标的第 2 个游标,使之与输出信号的终值 $U_o(\infty)$ 重合,此时曲线图下方显示的"△电压"即为峰值和终值之间的偏差 $\Delta v$,偏差 $\Delta v$ 除以终值 $U_o(\infty)$ 即可得超调量 $\sigma\%$。然后根据峰值时间 $t_p$ 和调节时间 $t_s(\Delta=\pm5\%)$ 的定义,用类似的方法测量峰值时间 $t_p$ 和调节时间 $t_s$,将测量的数据填入表 6.1.3 中。

(5) 改变阻尼比 $\zeta$(通过改变可变电阻 $R_3$)。

改变可变电阻 $R_3$,使 $R_3=4\text{k}\Omega$,重复"实验步骤(4)",重新观察阶跃响应曲线,根据曲线测量超调量 $\sigma\%$,峰值时间 $t_p$ 和调节时间 $t_s$,将测量的数据填入表 6.1.3 中。

改变可变电阻 $R_3$,使 $R_3=2\text{k}\Omega$,重复"实验步骤(4)",重新观察阶跃响应曲线,根据曲线测量超调量 $\sigma\%$,峰值时间 $t_p$ 和调节时间 $t_s$,将测量的数据填入表 6.1.3 中。

## 5. 实验仪器与设备

装有 LabACTn 软件的计算机                                          1 台
AEDK-LabACTn 实验箱                                              1 台

## 6. 预习要求

(1) 熟悉 AEDK-LabACTn 主实验板的构成。

(2) 了解和掌握各典型环节的传递函数表达式及输出时域函数表达式。

表 6.1.3　二阶系统的数据记录表

| 项目 | 可变电阻 $R_3/\text{k}\Omega$ | 增益 $K$（计算值） | 自然频率 $\omega_n$（计算值） | 阻尼比 $\zeta$（计算值） | 超调量 $\sigma\%$ | | 峰值时间 $t_p$ | | 调节时间 $t_s$ | |
|---|---|---|---|---|---|---|---|---|---|---|
| | | | | | 测量值 | 计算值 | 测量值 | 计算值 | 测量值 | 计算值 |
| 过阻尼（$\zeta>1$） | 100 | | | | $\times$ | | $\times$ | | $\times$ | |
| 临界阻尼（$\zeta=1$） | 40 | | | | $\times$ | | $\times$ | | $\times$ | |
| 欠阻尼（$0<\zeta<1$） | 10 | | | | | | | | | |
| | 4 | | | | | | | | | |
| | 2 | | | | | | | | | |

（3）熟悉一阶系统和二阶系统的阶跃响应曲线,掌握其动态性能指标的定义及计算方法。

（4）熟悉实验步骤(完成表 6.1.2 和表 6.1.3 中的所有理论计算值)。

### 7. 实验报告要求

（1）实验目的。

（2）实验内容与要求。

（3）实验步骤(请写出表 6.1.2 和表 6.1.3 中的理论计算值)。

（4）将表 6.1.2 中的实验测量值和理论计算值进行比较,若有误差分析其产生的原因,分析惯性环节时间参数 $T$ 对系统阶跃响应曲线的影响。

（5）根据二阶系统的阶跃响应曲线及表 6.1.3 中的实验测量值,分析阻尼比 $\zeta$ 对系统的阶跃响应曲线及动态性能指标的影响。

（6）实验心得与体会。

# 6.2　基于 Simulink 的自动控制系统仿真研究

### 1. 实验目的

（1）分析比例-微分控制对系统性能的影响。

（2）分析测速反馈控制对系统性能的影响。

（3）熟悉和掌握利用 Simulink 工具箱对系统进行建模、仿真和分析。

### 2. 实验原理

1）比例-微分控制

比例-微分控制的二阶系统结构图如图 6.2.1 所示。

由图 6.2.1 可得,开环传递函数和闭环传递函数分别为式(6.2.1)和式(6.2.2),即

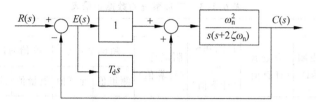

图 6.2.1 比例-微分控制的二阶系统

$$G(s) = \frac{(1 + T_d s)\omega_n^2}{s(s + 2\zeta\omega_n)} \qquad (6.2.1)$$

$$\Phi(s) = \frac{(1 + T_d s)\omega_n^2}{s^2 + (2\zeta\omega_n + T_d\omega_n^2)s + \omega_n^2} \qquad (6.2.2)$$

令 $2\zeta\omega_n + T_d\omega_n^2 = 2\zeta'\omega_n$，则可求得

$$\zeta' = \zeta + \frac{T_d\omega_n}{2} \qquad (6.2.3)$$

比例-微分控制可以增大系统的阻尼比,使阶跃响应的超调量下降,调节时间缩短,且不影响稳态误差和系统的自然频率。

2) 测速反馈控制

测速反馈控制的二阶系统结构图如图 6.2.2 所示。

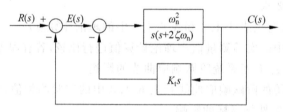

图 6.2.2 测速反馈控制的二阶系统

由图 6.2.2 可得,开环传递函数和闭环传递函数分别为式(6.2.4)和式(6.2.5),即

$$G(s) = \frac{\omega_n^2}{s^2 + 2\zeta\omega_n s + K_t\omega_n^2 s} \qquad (6.2.4)$$

$$\Phi(s) = \frac{\omega_n^2}{s^2 + 2\zeta\omega_n s + K_t\omega_n^2 s + \omega_n^2} \qquad (6.2.5)$$

令 $2\zeta\omega_n + K_t\omega_n^2 = 2\zeta'\omega_n$，则可求得

$$\zeta' = \zeta + \frac{K_t\omega_n}{2} \qquad (6.2.6)$$

测速反馈控制可以增大系统的阻尼比,使阶跃响应的超调量下降,调节时间缩短,且不影响系统的自然频率。测速反馈控制会降低系统的开环增益,从而增大系统的稳态误差。

### 3. 实验内容与要求

(1) 原系统的结构图如图 6.2.3 所示,要求利用 Simulink 工具箱建立系统的模型并仿真,根据单位阶跃响应曲线测量超调量 $\sigma\%$、调节时间 $t_s(\Delta=\pm2\%)$ 和调节时间 $t_s(\Delta=\pm5\%)$。

(2) 在原系统中加入比例-微分控制,其结构图如图 6.2.1 所示,其中 $T_d=0.15s$,$\dfrac{\omega_n^2}{s(s+2\zeta\omega_n)}=\dfrac{16}{s(s+2.4)}$,要求利用 Simulink 工具箱建立系统的模型并仿真,根

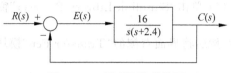

图 6.2.3  原系统的结构图

据单位阶跃响应曲线测量超调量 $\sigma\%$、调节时间 $t_s(\Delta=\pm2\%)$ 和调节时间 $t_s(\Delta=\pm5\%)$。

(3) 在原系统中加入测速反馈控制,其结构图如图 6.2.2 所示,其中 $K_t=0.15$,$\dfrac{\omega_n^2}{s(s+2\zeta\omega_n)}=\dfrac{16}{s(s+2.4)}$,要求利用 Simulink 工具箱建立系统的模型并仿真,根据单位阶跃响应曲线测量超调量 $\sigma\%$、调节时间 $t_s(\Delta=\pm2\%)$ 和调节时间 $t_s(\Delta=\pm5\%)$。

### 4. 实验步骤

1) 利用 Simulink 工具箱研究原系统的单位阶跃响应

(1) 双击桌面上 MATLAB 快捷图标 ,打开 MATLAB 操作界面。单击工具栏中的 Simulink 图标 ,就可以打开 Simulink 模块库浏览器(Simulink Library Browser)窗口,如图 6.2.4 所示。

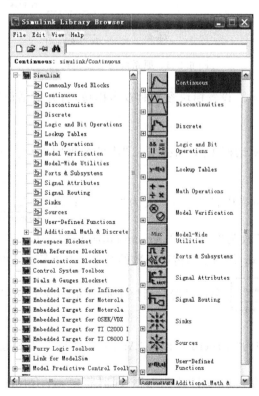

图 6.2.4  "Simulink Library Browser"窗口

（2）单击"Simulink Library Browser"窗口中工具栏上的  图标，即新建一个名为 "untitled"的空白模型窗口。

（3）单击"Simulink Library Browser"窗口中"Simulink"模块库中的"Continuous"子模块库，然后将界面右侧的"Transfer Fcn"模块 $\frac{1}{s+1}$ 添加到"untitled"窗口中。

用同样的方法将"Simulink"模块库中的"Math Operations"子模块库中的"Sum"模块、"Sources"子模块库中的"Clock"模块、和"Step"模块、"Sinks"子模块库中的"Scope"模块 和"To Workspace"模块 simout，分别添加到"untitled"窗口中。

（4）按照图 6.2.5 所示连线。注意，若连线为红色虚线，表示没连上，需删除并重新连接。

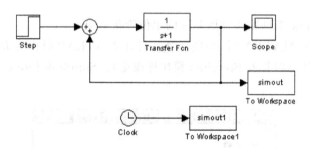

图 6.2.5　原系统的仿真结构图

（5）设置各模块参数。设置模块参数时双击模块，打开对话框即可进行参数设置。参数设置如下：

将 参数设置对话框中的"Step time"中的数据"1"改为"0"；将 参数设置对话框中的"List of signs"中的"＋＋"改为"＋－"；将 $\frac{1}{s+1}$ 参数设置对话框中"Numerator"中的"[1]"改为"[16]"，"Denominator"中的"[1,1]"改为"[1,2.4,0]"，其中Numerator、Denominator 分别表示传递函数的分子、分母多项式的系数向量，分量间用逗号或空格隔开；将 simout 参数设置对话框中的"Variable name"中的"simout"改为"y"，同时将"Save format"中的"Structure"改为"Array"；将与 相连的 simout1 对话框中的"Variable name"中的"simout1"改为"t"，同时将"Save format"中的"Structure"改为"Array"。

双击 ![Scope] 模块,打开示波器窗口,然后单击窗口中的第 2 个"打开参数对话框"按钮 ![icon],会出现"参数设置"对话框,单击对话框中的"Data history"选项框,然后将 ![Limit data points to last: 5000] 框中的勾 ☑ 去掉。各模块参数设置后的系统仿真结构图如图 6.2.6 所示。

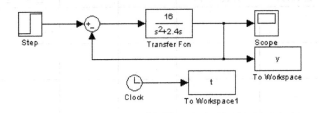

图 6.2.6 各模块参数设置后的系统仿真结构图

（6）设置仿真参数。

在模型窗口中,选择菜单命令"Simulation"→"Configuration Parameters...",在打开的"参数设置"对话框中,将"Solver options"选项下的"Type"框中的内容改为"Fixed-step",然后再将"Fixed-step size"框中的内容改为"1e-3"。

（7）单击"Simulation"菜单下的"Start"开始仿真,几秒钟后仿真结束。双击示波器"Scope"可以观察原系统的单位阶跃响应曲线,单击示波器界面中的 ![icon] 图标可观察完整的波形,双击示波器可放大波形。单击"File"菜单下的"Save",在弹出的文件保存窗口中输入文件名"jzq. mdl",然后单击"保存"。

2）利用 Simulink 工具箱研究比例-微分控制对原系统性能的影响

（1）根据图 6.2.1$\left(图中 T_d=0.15\text{s},\dfrac{\omega_n^2}{s(s+2\zeta\omega_n)}=\dfrac{16}{s(s+2.4)}\right)$,计算加入比例-微分控制后系统的开环传递函数,并填入表 6.2.1 中。

将仿真结构图 6.2.6 中的"Transfer Fcn"模块的分子、分母的多项式系数向量改为加入比例-微分控制后系统的开环传递函数的分子、分母多项式系数向量。并将仿真结构图 6.2.6 中的"To Workspace"模块中"Variable name"由"y"改为"y1","To Workspace1"模块中"Variable name"由"t"改为"t1"。再单击"Simulation"菜单下的"Start"开始仿真,双击示波器"Scope"可以观察加入比例-微分控制后系统的单位阶跃响应曲线。单击"File"菜单下的"Save as",在弹出的文件另存窗口中输入文件名"blwfjz. mdl",然后单击"保存"。

（2）在 MATLAB 命令窗口中,输入以下程序:

```
plot(t,y,t,1,t,1.05,t,0.95);hold on;plot(t1,y1,'r')
```

程序输完后回车,即可得到原系统和比例-微分控制后系统的单位阶跃响应曲线。单击"Figure 1"界面中的"Data cursor"图标 ![icon],然后根据超调量 $\sigma\%$、调节时间 $t_s$ 的定义,在曲线上读取关键点的坐标,根据坐标即可得到各个性能指标,将结果填入表 6.2.1 中。

3）利用 Simulink 工具箱研究测速反馈控制对原系统性能的影响

用另一种方法来研究测速反馈控制对原系统性能的影响。

（1）根据图 6.2.2$\left(图中 K_t=0.15,\dfrac{\omega_n^2}{s(s+2\zeta\omega_n)}=\dfrac{16}{s(s+2.4)}\right)$,计算加入测速反馈控制

后系统的开环传递函数,并填入表6.2.1中。

表 6.2.1　基于 Simulink 的自动控制系统实验数据记录表

| 系统 | 参　　　数 | | | | | |
|---|---|---|---|---|---|---|
| | 开环传递函数 $G(s)$ | 闭环传递函数 $\Phi(s)$ | 阻尼比 $\zeta$ | 超调量 $\sigma\%$ | 调节时间 $t_s$ $(\Delta=\pm2\%)$ | 调节时间 $t_s$ $(\Delta=\pm5\%)$ |
| 原系统 | | | | | | |
| 比例-微分控制后系统 | | | | | | |
| 测速反馈控制后系统 | | | | | | |

（2）将仿真结构图 6.2.6 中的"Transfer Fcn"模块的分子、分母的多项式系数向量改为加入测速反馈控制后系统的开环传递函数的分子、分母多项式系数向量。

（3）单击"Step"模块后的连线,然后单击右键,选择"Linearization Points"菜单下的"Input Point"子菜单。单击"Scope"模块前的连线,然后单击右键,选择"Linearization Points"菜单下的"Output Point"子菜单。将文件另存为"csfkjz.mdl"。

（4）依次单击"Tools"→"Control Design"→"Linear Analysis..."命令,会弹出"Control and Estimation Tools Manager"窗口,单击窗口中的"Linearize Model"按钮,会弹出"LTI Viewer：Linearization Quick Plot"窗口,在窗口的空白处单击右键,选择菜单"Characteristics"下的"Peak Response"子菜单和"Settling Time"子菜单,会在图中标出单位阶跃响应曲线的超调量和调节时间的关键点,将鼠标移至关键点处可读取超调量 $\sigma\%$ 和调节时间 $t_s(\Delta=\pm2\%)$,将数据填入表 6.2.1 中。

另外,调节时间 $t_s(\Delta=\pm5\%)$ 的读取方法为：在"LTI Viewer：Linearization Quick Plot"窗口中,在空白处单击右键,选择菜单"Properties...",会弹出"Property Editor：Step Response"窗口,单击"Options"选项卡,将"2%"改为"5%",即可读取 $\Delta=\pm5\%$ 的调节时间,将数据填入表 6.2.1 中。

### 5. 实验仪器与设备

装有 MATLAB 软件的计算机　　　　　　　　　　　　　　　　　1 台

### 6. 预习要求

（1）了解和掌握比例-微分控制和测速反馈控制对系统性能的影响。
（2）熟悉利用 Simulink 工具箱对系统进行建模、仿真和分析的方法。
（3）熟悉实验步骤。

### 7. 实验报告要求

（1）实验目的。
（2）实验内容与要求。
（3）实验步骤。

（4）完成表 6.2.1。

（5）写出比例-微分控制和测速反馈控制分别对系统性能的影响，以及比例-微分控制和测速反馈控制的异同。

（6）实验心得与体会。

# 6.3　根轨迹法校正

## 1. 实验目的

（1）掌握用根轨迹法进行系统串联超前校正和滞后校正的设计方法。

（2）掌握用根轨迹法进行系统校正中补偿增益和附加零点、极点之间匹配的规律。

（3）利用根轨迹进行分析，增加零点、极点对系统性能的影响。

（4）掌握利用 MATLAB 中的 rltool 环境来设计控制器的方法。

## 2. 实验原理

主导极点是指对整个时间响应过程起主要作用的闭环极点。只有既接近虚轴，又十分接近闭环零点的闭环极点，才可能成为主导极点。

如果闭环零点、极点相距很近，并且闭环零点、极点之间的距离比它们本身的模值小一个数量级，这样的闭环零点、极点常称为偶极子。只要偶极子不十分接近坐标原点，它们对系统动态性能的影响就甚微，可以忽略它们的存在，它们不影响主导极点的地位。如果在原点附近加入一对偶极子 $z$ 和 $p$，并令 $z = K_p \cdot p$，即 $\dfrac{s-z}{s-p} = \dfrac{s - K_p \cdot p}{s-p} = K_p \cdot \dfrac{T_1 s + 1}{T_2 s + 1}$，其中 $T_1 = -\dfrac{1}{K_p \cdot p}$，$T_2 = -\dfrac{1}{p}$，这样就可以把开环增益 $K$ 扩大 $K_p$ 倍。又因为 $z$ 和 $p$ 离原点很近，离主导极点很远，因此，系统的动态性能不会因为这对偶极子而发生明显变化。

用根轨迹法设计控制器，就是通过选择控制器的零点和极点来满足期望的系统性能指标。用根轨迹法进行串联控制器的设计方法主要有超前校正和滞后校正。若期望的主导极点在原根轨迹的左侧，通常选用超前校正（增加一对零点、极点，其中零点位于极点右侧），选择零点、极点位置，使系统根轨迹通过期望的主导极点。若在主导极点位置的静态性能不满足要求，则通过增加一对靠近原点的偶极子（滞后校正，零点位于极点右侧），基本可以保证系统根轨迹形状不变，从而使期望主导极点处的稳态增益增加。

## 3. 实验内容与要求

已知一单位负反馈系统的开环传递函数为 $G(s) = \dfrac{1}{s(s+1.5)}$，试利用 rltool 环境对系统进行控制器设计，使得校正后系统的单位阶跃响应曲线的超调量 $\sigma\% < 20\%$，调节时间 $t_s < 1.2\mathrm{s}(\Delta = \pm 2\%)$，开环增益 $K > 15$。

### 4. 实验步骤

1）根据动态性能指标要求，计算期望的闭环主导极点

求解下列方程组：

$$\begin{cases} \sigma\% = \mathrm{e}^{-\frac{\zeta\pi}{\sqrt{1-\zeta^2}}} \times 100\% = 19\% < 20\% \\ t_s \approx \dfrac{4}{\zeta\omega_n} = 1.1 < 1.2 \end{cases} \tag{6.3.1}$$

由式（6.3.1）即可求得 $\zeta$、$\omega_n$，然后求期望的闭环主导极点 $s_{1,2} = -\zeta\omega_n \pm \mathrm{j}\omega_n\sqrt{1-\zeta^2}$。

2）绘制原系统的根轨迹图

打开 MATLAB 软件界面，在命令窗口（Command Window）中输入以下程序：

```
n = 1;d = [1,1.5,0];sys = tf(n,d);rltool(sys)
```

**注**：上述程序中，n、d 分别为原系统传递函数的分子、分母多项式系数所构成的向量；sys 为原系统的开环传递函数；rltool(sys)表示绘制原系统的根轨迹图。

上述程序输完回车后即可得单输入/单输出系统设计工具（SISO Design Tool）窗口，如图 6.3.1 所示，该图为原系统的根轨迹图。

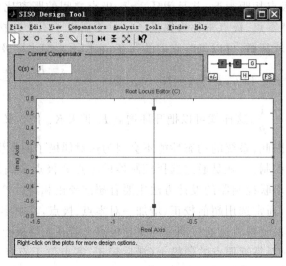

图 6.3.1　原系统的根轨迹图

3）绘制原系统的单位阶跃响应曲线

在"SISO Design Tool"窗口中，选择菜单中的"Analysis"→"Response to Step Command"命令，将会弹出一个"LTI Viewer for SISO Design Tool"窗口，窗口中出现 r-y 和 r-u 两条阶跃响应曲线。在界面的空白处单击右键，在出现的菜单中选择"Systems"，界面如图 6.3.2 所示，再将界面中的"Closed Loop：r to u（green）"前面的"✔"去掉，即可得原系统的单位阶跃响应曲线，如图 6.3.3 所示。

在图 6.3.3 的空白处单击右键，出现如图 6.3.4 所示的菜单选择，选择菜单"Characteristics"下的子菜单"Peak Response"和"Settling Time"，即在原系统的单位阶跃

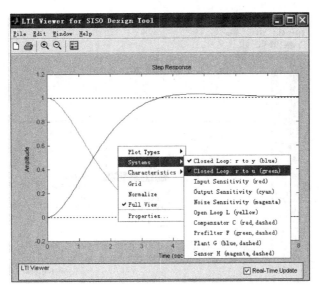

图 6.3.2　Systems 的选择界面

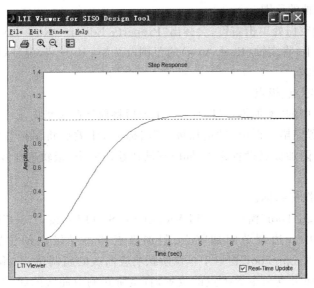

图 6.3.3　原系统的单位阶跃响应曲线

响应曲线上标出 2 个关键点,根据关键点可读取原系统单位阶跃响应曲线的超调量 $\sigma\%$ 和调节时间 $t_s$。

4) 在 rltool 环境下,用试探法设计校正网络的零点、极点

由原系统根轨迹图 6.3.1 可知,原系统的根轨迹不经过期望的主导极点,并且期望的主导极点位于原系统根轨迹的左侧,因此选用超前校正,即增加一对零点、极点,其中零点位于极点右侧,使系统根轨迹通过期望的主导极点,具体方法如下:

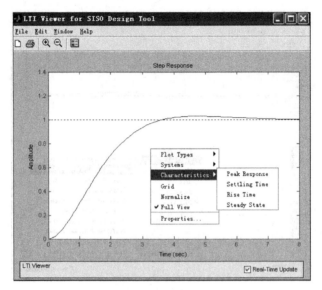

图 6.3.4　系统性能指标选择界面

（1）改变坐标轴的范围。

在图 6.3.1 的空白处单击右键，会弹出"Property Editor：Root Locus"窗口，选择窗口中的"Limits"选项卡，将实轴（Real Axis）的范围改为"－15～0"，虚轴（Imaginary Axis）的范围改为"－10～10"。

（2）增加一对零点、极点。

单击图 6.3.1 中的"增加零点"图标 ○，生效后将鼠标箭头指向 x＝－4 附近，单击鼠标左键，附加零点设置完毕。再单击"增加极点"图标 ×，生效后将鼠标箭头指向 x＝－10 附近，单击鼠标左键，附加极点设置完毕，同时根轨迹绘制完毕，根轨迹曲线上的红色小方块表示闭环特征根。

（3）校验动态性能指标。

将"SISO Design Tool"窗口和"LTI Viewer for SISO Design Tool"窗口缩小，在"SISO Design Tool"窗口中一边调节附加零点、附加极点和主导极点的位置，一边观察"LTI Viewer for SISO Design Tool"窗口中单位阶跃响应曲线的超调量 $\sigma\%$ 和调节时间 $t_s$，反复调节附加零点、附加极点和主导极点的位置，直至阶跃响应曲线的超调量和调节时间满足 $\sigma\%<20\%$ 和 $t_s<1.2s$。此时将鼠标移至根轨迹曲线的红色小方块处，单击鼠标左键，根轨迹图下方会显示该点的坐标值 $a$、系统阻尼比 $\zeta$ 及自然频率 $\omega_n$。

5）设计偶极子以增大开环增益

此时"SISO Design Tool"窗口中根轨迹图上方"Current Compensator"框内显示的传递函数即为满足动态性能指标的校正网络 $C(s)$。则校正后系统的开环传递函数为 $C(s)G(s)$，开环增益 $K=K_0 \cdot K_c=\dfrac{K_c}{1.5}$，其中 $K_c$ 为校正网络 $C(s)$ 的常数部分。

若 $K<15$，则开环增益至少需要增大 $K_p=\dfrac{15}{K}$ 倍。此时，系统的动态性能指标已经满足要求，但是系统开环增益不满足要求，且无论怎样调整超前校正装置零点、极点位置，都无法

满足系统所有性能指标要求,因此需要加入滞后校正,即增加偶极子。

偶极子的设计原则:让偶极子中模较大的一个与主导极点的模相差 50 倍以上。因此 $z=-\sqrt{(\zeta\omega_n)^2+\omega_n^2(1-\zeta^2)}/50$($\zeta$ 和 $\omega_n$ 是用"步骤 4)"的"第(3)步"中满足动态性能指标要求的阻尼比和自然频率的值代入),$p=\dfrac{z}{K_p}$。

6) 将设计的偶极子加到原系统根轨迹图中

单击图 6.3.1 中的"Compensators"菜单下的子菜单"Edit",再选择右边"C",将弹出一个对话框,如图 6.3.5 所示。

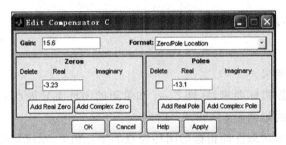

图 6.3.5　编辑 C 补偿器对话框

单击图 6.3.5 中的 Add Real Zero 按钮和 Add Real Pole 按钮,出现如图 6.3.6 所示的界面。

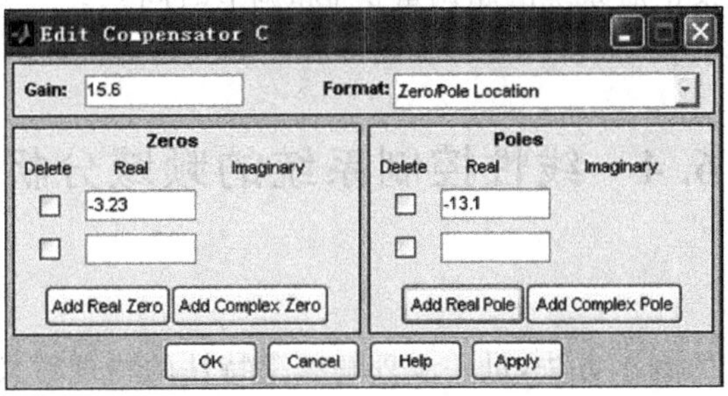

图 6.3.6　编辑 C 补偿器界面

将"步骤 5)"中计算得到的 $z$ 值和 $p$ 值分别填入图 6.3.6 中左边空白框和右边空白框中。

7) 设置补偿器增益,满足系统开环增益的要求

由于校正后系统开环增益 $K=K_0\cdot K_c=\dfrac{K_c}{1.5}$,并且系统要求 $K>15$,则补偿器增益 $K_c>\dfrac{15}{K_0}=22.5$。将图 6.3.6 中的"Gain"值改为略大于"22.5"的数值,再单击"OK"。

8) 再次检验校正后系统性能指标是否满足要求

再次观察"LTI Viewer for SISO Design Tool"窗口中校正后系统的单位阶跃响应曲线的超调量和调节时间是否满足 $\sigma\%<20\%$ 和 $t_s<1.2s$,若满足则记录最终的超调量 $\sigma\%$ 和调节时间 $t_s$。若不满足要求,则略微调节"SISO Design Tool"窗口中根轨迹图中的附加零点或附加极点或闭环特征根,直至性能指标满足要求,记录最终的满足性能指标要求的超调量 $\sigma\%$ 和调节时间 $t_s$。

**5. 实验仪器与设备**

装有 MATLAB 软件的计算机                                               1 台

**6. 预习要求**

(1) 熟悉用根轨迹法进行系统校正的设计方法。
(2) 学会使用根轨迹设计工具校验系统的动态性能和稳态性能。
(3) 熟悉 MATLAB 软件中的 rltool 设计环境。

**7. 实验报告要求**

(1) 实验目的。
(2) 实验内容与要求。
(3) 根据动态性能指标要求,计算 $\zeta$、$\omega_n$ 和希望的闭环主导极点 $s_{1,2}$。
(4) 记录原系统的超调量 $\sigma\%$ 和调节时间 $t_s$。
(5) 记录满足系统动态性能指标的闭环极点的坐标值 $a$、系统阻尼比 $\zeta$ 及自然频率 $\omega_n$。
(6) 请写出设计的偶极子中零点 $z$ 和极点 $p$ 的值。
(7) 写出最终满足超调量 $\sigma\% < 20\%$、调节时间 $t_s < 1.2s$、开环增益 $K > 15$ 的补偿器 $C(s)$ 的传递函数,以及校正后系统的超调量 $\sigma\%$ 和调节时间 $t_s$。
(8) 实验心得与体会。

# 6.4  线性控制系统的频域分析

**1. 实验目的**

(1) 掌握频率特性的测试方法,进一步理解频率特性的物理意义。
(2) 了解二阶系统的频域指标与时域指标的对应关系。
(3) 研究表征系统稳定程度的相角裕度 $\gamma$ 和截止频率 $\omega_c$ 对系统性能的影响。
(4) 了解和掌握欠阻尼二阶闭环系统中的自然频率 $\omega_n$、阻尼比 $\zeta$ 对谐振频率 $\omega_r$ 和谐振峰值 $M_r$ 的影响。

**2. 实验原理**

频域的相对稳定性即稳定裕度常用相角裕度 $\gamma$ 和幅值裕度 $h$ 来衡量。

当 $A(\omega) = |G(j\omega)H(j\omega)| = 1$ 时所对应的频率称为系统的截止频率 $\omega_c$,则相角裕度 $\gamma = 180° + \varphi(\omega_c)$。

当 $\varphi(\omega_x) = (2k+1)\pi (k = 0, \pm 1, \cdots)$ 时所对应的频率称为系统的穿越频率 $\omega_x$,则幅值裕度 $h(\text{dB}) = -20\lg|G(j\omega_x)H(j\omega_x)|$。

在系统的闭环幅频特性曲线中,在某频率 $\omega$ 处其幅值达到峰值,该频率称为系统的谐振频率 $\omega_r$,所对应的峰值称为系统的谐振峰值 $M_r$。

二阶系统频域指标与时域指标的对应关系如下:

截止频率

$$\omega_c = \omega_n \times \sqrt{\sqrt{1 + 4\zeta^4} - 2\zeta^2} \tag{6.4.1}$$

相角裕度

$$\gamma = \arctan \frac{2\zeta}{\sqrt{\sqrt{1 + 4\zeta^4} - 2\zeta^2}} \tag{6.4.2}$$

谐振频率

$$\omega_r = \omega_n \sqrt{1 - 2\zeta^2}, \quad \zeta \leqslant 0.707 \tag{6.4.3}$$

谐振峰值

$$M_r = \frac{1}{2\zeta\sqrt{1 - \zeta^2}}, \quad \zeta \leqslant 0.707 \tag{6.4.4}$$

或

$$L(\omega_r) = M_r(dB) = 20\lg\left(\frac{1}{2\zeta\sqrt{1 - \zeta^2}}\right) \tag{6.4.5}$$

系统的开环频率特性与动态性能指标有关，$\gamma$ 值越小，$\sigma\%$ 越大，振荡越厉害；$\gamma$ 值越大，$\sigma\%$ 越小，调节时间 $t_s$ 越长，因此为使二阶闭环系统不至于振荡太厉害及调节时间不会太长，一般希望：

$$30° \leqslant \gamma \leqslant 70° \tag{6.4.6}$$

测量系统的频率特性有直接测量法和间接测量法。直接测量法适用于时域响应曲线收敛的对象，不用构成闭环系统。间接测量法适用于时域响应曲线发散的对象，其幅值不易测量，可将其构成闭环负反馈稳定系统，测试其闭环频率特性，然后通过公式换算，获得其开环频率特性。

### 3. 实验内容与要求

一个典型的 I 型二阶系统的开环传递函数为

$$G(s) = \frac{K}{T_i s(Ts + 1)}$$

其系统结构图如图 6.4.1 所示，要求确定图 6.4.1 中可变电阻 $R_3$ 的阻值，从而使系统的相角裕度 $\gamma \approx 45°$。

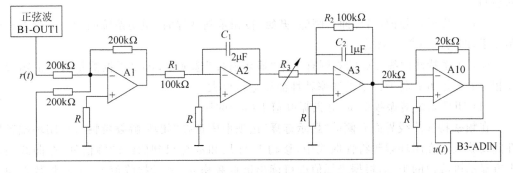

图 6.4.1　I 型二阶系统的频率特性测试电路图

#### 4. 实验步骤

1）计算阻尼比 $\zeta$

根据系统要求的 $\gamma \approx 45°$，利用式（6.4.2），计算 $\zeta$。

2）计算可变电阻 $R_3$

根据求出的 $\zeta$，计算图 6.4.1 中惯性环节中的可变电阻 $R_3$。

由图 6.4.1 可知，系统的开环传递函数为 $G(s) = \dfrac{K}{T_i s(Ts+1)}$，系统的闭环传递函数为

$$\Phi(s) = \frac{K}{T_i s(Ts+1)+K} = \frac{K}{T_i T s^2 + T_i s + K} \tag{6.4.7}$$

式（6.4.7）和标准的二阶系统 $\Phi(s) = \dfrac{\omega_n^2}{s^2 + 2\zeta\omega_n s + \omega_n^2}$ 进行比较，即可求得自然频率 $\omega_n$ 和阻尼比 $\zeta$，分别如式（6.4.8）和式（6.4.9）所示

$$\omega_n = \sqrt{\frac{K}{T_i T}} \tag{6.4.8}$$

$$\zeta = \frac{1}{2}\sqrt{\frac{T_i}{KT}} \tag{6.4.9}$$

由图 6.4.1 可知，$T_i = R_1 C_1$，$T = R_2 C_2$，$K = \dfrac{R_2}{R_3}$，则由式（6.4.9）即可求得图 6.4.1 中惯性环节中的可变电阻 $R_3$。

3）按照图 6.4.1 在实验箱上搭建模拟电路

将信号源（B1）区的 B1-OUT1 作为二阶系统的输入信号，将自动产生频率从低到高变化（4～40rad/s）的正弦波信号。输出信号（A10-OUT）接入频率特性测试模块（B3）的 B3-ADIN 测孔进行系统的频率特性测试。

4）运行、观察、测量

（1）运行 LabACTn 程序。在实验软件界面中依次单击"**自动控制原理实验**"→"**线性系统频域分析**"→"**二阶闭环系统频率特性曲线**"→"**启动实验项目**"，会弹出"**频率特性扫描点设置**"界面，单击该界面中的"**确认**"按钮，会弹出"**频率特性曲线**"界面，单击该界面右侧的"**开始**"按钮，然后实验机将自动产生 4～40rad/s 等多种频率信号，并且进行频率特性曲线的绘制。

（2）等待近几分钟，当界面右侧的"**开始**"按钮重新变绿时，说明系统的频率特性曲线绘制完毕，即可进行数据测量。

（3）频率特性曲线界面的右侧有一个"**显示选择**"选项框，可以根据测量数据的需要选择相应的显示方式将所需要的频率特性曲线进行放大。

（4）闭环系统谐振频率 $\omega_r$ 和谐振峰值 $L(\omega_r)$ 的测量。

在频率特性曲线界面右侧的"**显示选择**"选项框中选择"**闭环-幅频特性**"，将闭环幅频特性曲线放大。在闭环幅频特性曲线中，移动 $L$ 标尺和 $\omega$ 标尺到曲线的峰值处，在曲线图左下方显示该峰值的坐标，根据坐标值即可读出谐振频率 $\omega_r$ 和谐振峰值 $L(\omega_r)$，将数据填入表 6.4.1 中。

（5）闭环系统谐振频率 $\omega_r$ 和谐振峰值 $L(\omega_r)$ 的自动搜索。

单击频率特性曲线界面右侧的"**搜索谐振频率**"按钮，将自动搜索并补充搜索过的点，直到搜索到谐振频率时自动停止搜索。该点测试成功后，在频率特性曲线上将出现黄色的点，即谐振频率 $\omega_r$，在曲线图左下方显示系统的谐振频率 $\omega_r$。同时在界面右侧的"**闭环信息**"区显示该角频率点所对应的 $L$、$\varphi$、Re、Im，其中 $L$ 值就是谐振峰值 $L(\omega_r)$，将数据填入表 6.4.1 中。

（6）开环系统截止频率 $\omega_c$ 和相角裕度 $\gamma$ 的测量。

在频率特性曲线界面右侧的"**显示选择**"选项框中选择"**开环-伯德图**"，将开环-伯德图曲线放大。在开环幅频特性曲线中，移动 $L$ 标尺和 $\omega$ 标尺到曲线 $L(\omega)=0$ 处，在曲线图左下方显示该角频率点的坐标，根据坐标值即可读出截止频率 $\omega_c$。在开环相频特性曲线中，移动 $\varphi$ 标尺到 $\omega$ 标尺线与相频特性曲线相交处，在曲线图左下方显示该角频率点的坐标，根据坐标值即可读出 $\varphi$ 值，根据 $\varphi$ 值计算相角裕度 $\gamma$，将数据填入表 6.4.1 中。

（7）开环系统截止频率 $\omega_c$ 和相角裕度 $\gamma$ 的自动搜索。

单击频率特性曲线界面右侧的"**搜索穿越频率**"按钮，将自动搜索并补充搜索过的点，直到搜索到截止频率时自动停止搜索。该点测试成功后，在频率特性曲线上将出现黄色的点，即截止频率 $\omega_c$，在幅频特性曲线图左下方显示系统的截止频率 $\omega_c$。同时在界面右侧的"**开环信息**"区显示该角频率点所对应的 $L$、$\varphi$、Re、Im，根据 $\varphi$ 值计算相角裕度 $\gamma$，将数据填入表 6.4.1 中。

表 6.4.1　二阶系统频率特性测试的数据记录表

| $R_3/\mathrm{k\Omega}$（计算值） | | $\zeta$（计算值） | | $\omega_n$（计算值） | | | |
|---|---|---|---|---|---|---|---|
| | | | | | | | |
| $\omega_c$ | | $\gamma$ | | $\omega_r$ | | $L(\omega_r)$ | |
| 测量值 | 计算值 | 测量值 | 计算值 | 测量值 | 计算值 | 测量值 | 计算值 |
| | | | | | | | |

### 5. 实验仪器与设备

装有 LabACTn 软件的计算机　　　　　　　　　　　　　1 台
AEDK-LabACTn 实验箱　　　　　　　　　　　　　　1 台

### 6. 预习要求

（1）复习典型环节的对数幅频特性和相频特性曲线。
（2）了解二阶系统频域指标和时域指标的对应关系。
（3）按照"实验内容与要求"中的相关要求，完成表 6.4.1 中的所有理论计算值。
（4）熟悉实验步骤。

### 7. 实验报告要求

（1）实验目的。

（2）实验内容与要求。

（3）实验步骤。

（4）完成表 6.4.1。

（5）根据系统的开环传递函数画出系统的开环幅频、相频特性曲线。

（6）实验心得与体会。

# 6.5　用频域法设计串联超前校正网络

## 1. 实验目的

（1）熟练掌握用频域法设计串联超前校正网络的步骤。

（2）掌握超前校正网络的电路及对数频率特性。

（3）了解串联超前校正网络对系统性能的影响。

（4）熟悉 MATLAB 软件，学会应用 MATLAB 软件解决控制系统中的问题。

## 2. 实验原理

串联超前校正的原理是利用超前校正网络的相角超前特性，使中频段斜率变为 $-20\text{dB/dec}$ 并占据较大的频率范围，使系统的相角裕度增大，动态过程超调量下降；并使开环系统截止频率增大，从而使闭环系统带宽增大，响应速度加快。

无源超前网络的电路图如图 6.5.1 所示。

图 6.5.1 中，如果输入信号源的内阻为零，且输出端的负载阻抗为无穷大，则超前网络的传递函数为

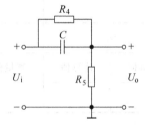

图 6.5.1　无源超前网络的电路图

$$G_c(s) = \frac{1}{a} \times \frac{1+aTs}{1+Ts} \qquad (6.5.1)$$

其中

$$a = \frac{R_4 + R_5}{R_5} > 1, \quad T = \frac{R_4 R_5}{R_4 + R_5} C \qquad (6.5.2)$$

由式（6.5.1）可知，超前网络有两个转折频率 $\frac{1}{aT}$ 和 $\frac{1}{T}$。由超前网络的对数频率曲线可知，超前网络有一个最大超前角 $\varphi_m$，其对应的频率为最大超前角频率 $\omega_m$，$\omega_m$ 是频率 $\frac{1}{aT}$ 和 $\frac{1}{T}$ 的几何中心。

超前网络的最大超前角频率为

$$\omega_m = \frac{1}{T\sqrt{a}} \qquad (6.5.3)$$

超前网络的最大超前角为

$$\varphi_m = \arcsin \frac{a-1}{a+1} \qquad (6.5.4)$$

由式(6.5.3)可求

$$a = \frac{1 + \sin\varphi_m}{1 - \sin\varphi_m} \tag{6.5.5}$$

在设计串联超前校正网络时,应使超前校正网络的最大超前相角 $\varphi_m$ 尽可能出现在校正后系统的截止频率 $\omega_c''$ 处,即 $\omega_m = \omega_c''$。

如果系统为单位反馈最小相位系统,则用频域法设计无源串联超前网络的步骤如下:

(1) 根据稳态误差要求,确定开环增益 $K$。

(2) 利用已确定的开环增益 $K$,绘制未校正系统的对数频率特性曲线,根据曲线记录未校正系统的截止频率 $\omega_c$、相角裕度 $\gamma$ 和幅值裕度 $h$(dB)。

(3) 根据性能指标要求的相角裕度 $\gamma''$ 和未校正系统的相角裕度 $\gamma$,确定最大超前相角 $\varphi_m$,即

$$\varphi_m = \gamma'' - \gamma + \Delta \tag{6.5.6}$$

式(6.5.6)中,$\Delta$ 是用于补偿因超前校正装置的引入,使系统的截止频率增大而带来的相角滞后量。一般,如果未校正系统的开环幅频特性在截止频率 $\omega_c$ 处的斜率为 $-40$dB/dec,$\Delta$ 取值为 $5°\sim12°$;如果在 $\omega_c$ 处的斜率为 $-60$dB/dec,则 $\Delta$ 取值为 $15°\sim20°$。

(4) 根据式(6.5.6)确定 $\varphi_m$,再由式(6.5.5)计算 $a$ 值。

(5) 在未校正系统的开环对数幅频特性曲线 $L_0(\omega)$ 上找到幅频值为 $-10\lg a$ 的点,该点所对应的频率为超前校正网络的 $\omega_m$,也就是校正后系统的截止频率 $\omega_c''$。

(6) 根据选定的 $\omega_m$,再由式(6.5.3)计算超前校正网络的参数 $T$。

(7) 将超前校正网络加入到未校正系统中,重新进行频率特性测试,并校验系统的相角裕度 $\gamma''$ 是否满足要求。如果不满足要求,则增大 $\Delta$ 值,从"步骤(3)"开始重新计算。

### 3. 实验内容与要求

已知单位负反馈系统由一个积分环节和一个惯性环节组成,其开环传递函数为

$$G_0(s) = \frac{1}{0.2s} \cdot \frac{K''}{0.3s + 1}$$

试设计惯性环节和一个无源串联超前校正装置,要求校正后系统满足下列性能指标:当 $r(t) = t$ 时,系统的稳态误差 $e_{ss} \leqslant 0.05$,相角裕度 $\gamma'' \geqslant 55°$。

### 4. 实验步骤

1) 确定开环传递函数中的 $K''$

根据性能指标中的稳态误差要求,确定开环增益 $K$。根据求得的开环增益 $K$,确定开环传递函数中的 $K''$。

2) 绘制未校正系统的 Bode 图及阶跃响应曲线

打开 MATLAB 软件操作界面。新建一个 M 文件,输入以下程序:

```
n1 = [K"];d1 = conv([0.2,0],[0.3,1]);
sys1 = tf(n1,d1);          % sys1 为未校正系统的开环传递函数
[n2,d2] = cloop(n1,d1);
sys2 = tf(n2,d2);          % sys2 为未校正系统的闭环传递函数
```

```
margin(n1,d1),                    % 绘制未校正系统的 Bode 图
figure(2),                        % 重新打开一个图形界面窗口
step(n2,d2)                       % 绘制未校正系统的阶跃响应曲线
```

根据未校正系统的 Bode 图,记录未校正系统的截止频率 $\omega_c$、相角裕度 $\gamma$ 和幅值裕度 $h$,填入表 6.5.1 中。

根据未校正系统的阶跃响应曲线,记录未校正系统的超调量 $\sigma\%$ 和调节时间 $t_s$,填入表 6.5.1 中。

3) 设计无源串联超前校正网络

(1) 根据性能指标要求的相角裕度 $\gamma''$ 和未校正系统的相角裕度 $\gamma$,确定最大超前相角 $\varphi_m$,即

$$\varphi_m = \gamma'' - \gamma + \Delta, \quad \Delta = 8° \tag{6.5.7}$$

(2) 根据所确定的 $\varphi_m$,再由式(6.5.5)计算 $a$ 值。

(3) 在未校正系统的开环对数幅频特性曲线 $L_0(\omega)$ 上找到幅频值为 $-10\lg a$ 的点,该点所对应的频率即为超前校正网络的 $\omega_m$,也就是校正后系统的截止频率 $\omega_c''$。

(4) 根据选定的 $\omega_m$,再由式(6.5.3)计算超前校正网络的参数 $T$。

(5) 根据 $a$、$T$ 的值,则超前校正网络的传递函数为 $G_c(s) = \dfrac{1}{a} \times \dfrac{1+aTs}{1+Ts}$。

4) 设计等效超前校正网络

由超前校正网络的传递函数可以看出,超前校正网络的引入会使系统的增益减小至原来的 $1/a$。为了使系统的增益保持不变,可将未校正系统中惯性环节的增益扩大 $a$ 倍,则加入未校正系统的等效超前校正网络传递函数为 $G_c''(s) = \dfrac{1+aTs}{1+Ts}$,因此校正后系统的开环传递函数为 $G''(s) = G_0(s)G_c''(s) = \dfrac{1}{0.2s} \cdot \dfrac{K''}{0.3s+1} \cdot \dfrac{1+aTs}{1+Ts}$。

5) 绘制校正后系统的 Bode 图及阶跃响应曲线

在未校正系统的 M 文件中,接着输入以下程序:

```
n3 = K" * [a * T,1];d3 = conv(conv([0.2,0],[0.3,1]),[T,1]);
sys3 = tf(n3,d3);                 % sys3 为校正后系统的开环传递函数
[n4,d4] = cloop(n3,d3);
sys4 = tf(n4,d4);                 % sys4 为校正后系统的闭环传递函数
figure(3),
margin(n3,d3),                    % 绘制校正后系统的 Bode 图
figure(4),
step(n4,d4)                       % 绘制校正后系统的阶跃响应曲线
```

根据校正后系统的 Bode 图,记录校正后系统的截止频率 $\omega_c''$、相角裕度 $\gamma''$ 和幅值裕度 $h''$,填入表 6.5.1 中。

根据校正后系统的阶跃响应曲线,记录校正后系统的超调量 $\sigma\%''$ 和调节时间 $t_s''$,填入表 6.5.1 中。

表 6.5.1 频域法设计串联超前校正网络的数据记录表

| 系统 | 指 标 | | | | |
|---|---|---|---|---|---|
| | 截止频率 $\omega_c$ | 相角裕度 $\gamma$ | 幅值裕度 $h/\text{dB}$ | 超调量 $\sigma\%$ | 调节时间 $t_s$ |
| 未校正系统 | | | | | |
| 校正后系统 | | | | | |

### 5. 实验仪器与设备

装有 MATLAB 软件的计算机　　　　　　　　　　　　　　　　1 台

### 6. 预习要求

（1）熟悉超前校正网络的电路及对数频率特性。
（2）熟悉用频域法设计串联超前校正网络的步骤。
（3）熟悉实验步骤。

### 7. 实验报告要求

（1）实验目的。
（2）实验内容与要求。
（3）实验步骤。
（4）完成表 6.5.1。
（5）写出串联超前校正网络的设计过程及相应的计算结果。
（6）分析串联超前校正的特点及对系统性能的影响。
（7）实验心得与体会。

## 6.6　用频域法设计串联滞后校正网络

### 1. 实验目的

（1）熟练掌握用频域法设计串联滞后校正网络的步骤。
（2）掌握滞后校正网络的电路及对数频率特性。
（3）了解串联滞后校正网络对系统性能的影响。
（4）熟悉 MATLAB 软件中的 LTI Viewer 工具的应用方法。

### 2. 实验原理

串联滞后校正的原理是利用滞后校正网络的高频幅值衰减特性，使已校正系统的开环截止频率下降，从而使系统获得足够的相角裕度。因此，滞后校正网络的最大滞后角 $\varphi_m$ 应尽量避免发生在已校正系统的开环截止频率 $\omega_c''$ 附近。在系统响应速度要求不高而抑制噪声电平性能要求较高的情况下，可以采用串联滞后校正。如果系统的动态性能已经满足要求，仅稳态性能不满足性能指标要求，也可以采用串联滞后校正来提高系统的稳态精度。

无源滞后网络的电路图如图 6.6.1 所示。

图 6.6.1 中，如果输入信号源的内阻为零，且输出端的负载阻抗为无穷大，则滞后网络

的传递函数为

$$G_c(s) = \frac{1 + bTs}{1 + Ts} \tag{6.6.1}$$

其中

$$b = \frac{R_2}{R_1 + R_2} < 1, \quad T = (R_1 + R_2)C \tag{6.6.2}$$

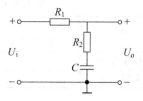

图 6.6.1 无源滞后网络的电路图

由式(6.6.1)可知,滞后网络有两个转折频率 $\frac{1}{T}$ 和

$\frac{1}{bT}$。由滞后网络的对数频率曲线可知,滞后网络有一个最大滞后角 $\varphi_m$,其对应的频率为最大滞后角频率 $\omega_m$,$\omega_m$ 是频率 $\frac{1}{T}$ 和 $\frac{1}{bT}$ 的几何中心。

滞后网络的最大滞后角频率为

$$\omega_m = \frac{1}{T\sqrt{b}} \tag{6.6.3}$$

滞后网络的最大滞后角为

$$\varphi_m = \arcsin \frac{1 - b}{1 + b} \tag{6.6.4}$$

为了避免最大滞后角 $\varphi_m$ 发生在已校正系统开环截止频率 $\omega_c''$ 附近,在选择滞后网络参数时,通常使网络的转折频率 $\omega_2 = \frac{1}{bT}$ 远小于 $\omega_c''$,一般取 $0.1\omega_c''$,即

$$\frac{1}{bT} = 0.1\omega_c'' \tag{6.6.5}$$

如果系统为单位反馈最小相位系统,则用频域法设计无源串联滞后网络的步骤如下:

(1) 根据稳态误差要求,确定开环增益 $K$。

(2) 利用已确定的开环增益 $K$,绘制未校正系统的对数频率特性曲线,根据曲线记录未校正系统的截止频率 $\omega_c$、相角裕度 $\gamma$ 和幅值裕度 $h$(dB)。

(3) 根据性能指标要求的相角裕度 $\gamma''$,确定校正后系统的截止频率 $\omega_c''$。

① 根据性能指标要求的相角裕度 $\gamma''$,计算 $\varphi_0(\omega_c'')$。

滞后网络在校正后系统的截止频率处会产生一定的相角滞后 $\varphi_c(\omega_c'')$,所以式(6.6.6)成立,即

$$\varphi_0(\omega_c'') = \gamma'' - 180° - \varphi_c(\omega_c'') \tag{6.6.6}$$

式中,$\gamma''$ 是性能指标要求值,$\varphi_c(\omega_c'')$ 在确定 $\omega_c''$ 时可取 $-6°$。

② 根据 $\varphi_0(\omega_c'')$,确定校正后系统的截止频率 $\omega_c''$。

在未校正系统的对数相频特性曲线上,找到相角等于 $\varphi_0(\omega_c'')$ 的点,该点所对应的频率即为校正后系统的截止频率 $\omega_c''$。

(4) 根据校正后系统的截止频率 $\omega_c''$,确定滞后校正网络的参数 $b$ 和 $T$。

① 在未校正系统的对数幅频特性曲线上,找到频率等于 $\omega_c''$ 的点,该点所对应的幅值,记为 $L_0(\omega_c'')$。

② 根据 $L_0(\omega_c'')$、$\omega_c''$,由式(6.6.7)确定滞后校正网络的参数 $b$ 和 $T$。

$$\begin{cases} 20\lg b + L_0(\omega''_c) = 0 \\ \dfrac{1}{bT} = 0.1\omega''_c \end{cases} \qquad (6.6.7)$$

（5）将滞后校正网络加入未校正系统中，重新绘制频率特性曲线，并校验系统的截止频率、相角裕度和幅值裕度是否满足要求。

### 3. 实验内容与要求

已知单位负反馈系统的开环传递函数为

$$G_0(s) = \frac{40}{s(0.2s+1)(0.0625s+1)}$$

试设计一个无源串联滞后校正装置，要求校正后系统满足下列性能指标：相角裕度 $\gamma'' \geqslant 50°$，幅值裕度 $h'' \geqslant 15\text{dB}$。

### 4. 实验步骤

1）绘制未校正系统的对数频率特性曲线

（1）打开 MATLAB 软件操作界面。新建一个 M 文件，输入以下程序：

```
n1 = [40];d1 = conv([0.2,1,0],[0.0625,1]);
sys1 = tf(n1,d1);          % sys1 为未校正系统的开环传递函数
[n2,d2] = cloop(n1,d1);
sys2 = tf(n2,d2);          % sys2 为未校正系统的闭环传递函数
ltiview
```

**注**：上述程序中，n1、d1 分别为未校正系统开环传递函数的分子、分母多项式系数所构成的向量；ltiview 语句表示调用 MATLAB 软件中的 LTI Viewer 工具。

上述程序输完后，选择菜单命令"Debug"→"Save File and run"，就会弹出"LTI Viewer"界面。

（2）在"LTI Viewer"界面中，选择菜单命令"File"→"Import..."，则会出现一个"Import System Data"窗口，窗口中右半部分显示两个系统 sys1 和 sys2，按住"Ctrl"键选择这两个系统，单击"OK"，界面中会显示系统 sys1 和 sys2 的阶跃响应曲线。

2）记录未校正系统的性能指标

在 LTI Viewer 界面的空白处单击右键，会出现如图 6.6.2 所示的子菜单。

图 6.6.2 中，"Plot Types"菜单选择：LTI Viewer 界面中显示的曲线类型；"Systems"菜单选择：LTI Viewer 界面中显示哪个系统的曲线；"Characteristics"菜单选择：LTI Viewer 界面中系统曲线中标注的特征量类型。

（1）时域性能指标。

"Systems"中仅选择"sys2"系统，将"sys1"系统前的"✓"去掉，"Plot Types"菜单中选择"Step"，此时界面中显示的曲线为未校正系统的闭环阶跃响应曲线，根据曲线判断闭环系统是否稳定，并填入表 6.6.1 中。

（2）频域性能指标

"Systems"中仅选择"sys1"系统，"Plot Types"菜单中选择"Bode"，此时界面中显示的

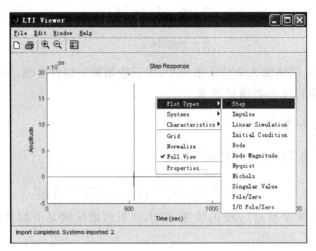

图 6.6.2　LTI Viewer 界面中的子菜单

曲线为未校正系统的开环对数频率特性曲线。右键单击 LTI Viewer 界面的空白处,选择"Characteristics"菜单下的"All Stability Margins"子菜单,随即在曲线中标出两个关键点,根据这两个关键点即可读出未校正系统的频域性能指标,如截止频率 $\omega_c$、相角裕度 $\gamma$ 和幅值裕度 $h$(dB),将这些数据填入表 6.6.1 中。

3) 计算 $\varphi_0(\omega_c'')$

根据"实验内容与要求"中的性能指标要求 $\gamma'' \geqslant 50°$,再根据式(6.6.6),计算 $\varphi_0(\omega_c'')$。

4) 确定校正后系统的截止频率 $\omega_c''$

在未校正系统的对数相频特性曲线中,找到相角等于 $\varphi_0(\omega_c'')$ 的点,该点所对应的频率即为校正后系统的截止频率 $\omega_c''$。

5) 确定 $L_0(\omega_c'')$

在未校正系统的对数幅频特性曲线中,找到频率等于 $\omega_c''$ 的点,该点所对应的幅值,记为 $L_0(\omega_c'')$。

6) 计算 $b$ 和 $T$

根据 $L_0(\omega_c'')$、$\omega_c''$,由式(6.6.7)即可计算滞后网络参数 $b$ 和 $T$。

7) 绘制校正后系统的对数频率特性曲线

(1) 在未校正系统的 M 文件中,接着输入以下程序:

```
n3 = 40 * [b * T,1]; d3 = conv([T,1], conv([0.2,1,0],[0.0625,1]));
sys3 = tf(n3,d3);            % sys3 为校正后系统的开环传递函数
[n4,d4] = cloop(n3,d3);
sys4 = tf(n4,d4);            % sys4 为校正后系统的闭环传递函数
ltiview
```

**注**:上述程序中,n3、d3 分别为校正后系统开环传递函数分子、分母多项式系数所构成的向量,n3、d3 中的 $b$ 和 $T$ 要用实验步骤 6)中计算的 $b$ 和 $T$ 值代入;ltiview 语句表示调用 MATLAB 软件中的 LTI Viewer 工具。

上述程序输完后,选择菜单命令"Debug"→"Save File and run",就会弹出"LTI Viewer"界面。

（2）在 LTI Viewer 界面中，选择菜单命令"File"→"Import…"，则会出现一个"Import System Data"窗口，窗口中右半部分显示两个系统 sys3 和 sys4，按住"Ctrl"键选择这两个系统，单击"OK"，界面中会显示系统 sys3 和 sys4 的阶跃响应曲线。

8）记录校正后系统的性能指标

（1）时域性能指标。

"Systems"中仅选择"sys4"系统，将"sys3"系统前的"✔"去掉，"Plot Types"菜单中选择"Step"，此时界面中显示的曲线为校正后系统的闭环阶跃响应曲线，右击 LTI Viewer 界面的空白处，选择"Characteristics"菜单下的"Peak Response"和"Settling Time"子菜单，随即在曲线中标出两个关键点，根据这两个关键点即可读出校正后系统的时域性能指标，如超调量 $\sigma\%$ 和调节时间 $t_s(\Delta=\pm2\%)$，将这些数据填入表 6.6.1 中。

注意：在记录数据之前先修改步长，使曲线变得光滑。修改步长的方法如下：

选择菜单命令"Edit"→"Viewer Preferences…"，弹出一个"LTI Viewer Preferences"窗口，单击"Parameters"选项卡，在"Time Vector"中选择"Define vector"，然后将"[0：0.01：1]"修改为"[0：0.01：10]"，然后单击"OK"即可。

（2）频域性能指标。

校正后系统的频域性能指标读取方法参考"实验步骤 2）的第（2）步"的方法，需在"Systems"中选择"sys3"系统，其他步骤均相同，最后将读取的数据填入表 6.6.1 中。

表 6.6.1　频域法设计串联滞后校正网络的数据记录表

| | 开环传递函数 $G_0(s)=$ | 截止频率 $\omega_c=$ | 相角裕度 $\gamma=$ | 幅值裕度 $h(\text{dB})=$ |
|---|---|---|---|---|
| 未校正系统 | 闭环传递函数 $\Phi(s)=$ | 闭环系统稳定性： | | |
| 校正后系统 | 开环传递函数 $G_0(s)\cdot G_c(s)=$ | 截止频率 $\omega_c''=$ | 相角裕度 $\gamma''=$ | 幅值裕度 $h''(\text{dB})=$ |
| | 闭环传递函数 $\Phi''(s)=$ | 超调量 $\sigma\%=$ | 调节时间 $t_s(\Delta=\pm2\%)=$ | |

## 5. 实验仪器与设备

装有 MATLAB 软件的计算机　　　　　　　　　　　　　　　　　　　　1 台

## 6. 预习要求

（1）熟悉滞后校正网络的电路及对数频率特性。
（2）熟悉用频域法设计串联滞后校正网络的步骤。
（3）熟悉实验步骤。

## 7. 实验报告要求

（1）实验目的。
（2）实验内容与要求。
（3）实验步骤。

（4）完成表 6.6.1。

（5）写出串联滞后校正网络的设计过程及相应的计算结果。

（6）写出串联滞后校正与串联超前校正的不同。

（7）实验心得与体会。

# 6.7　MATLAB 软件在控制系统中的应用

## 1. 实验目的

（1）了解串联超前校正网络对系统性能的影响。

（2）了解串联滞后校正网络对系统性能的影响。

（3）熟悉 MATLAB 软件，学会应用 MATLAB 软件解决控制系统中的问题。

（4）熟悉 MATLAB 软件中的 LTI Viewer 工具的应用方法。

## 2. 实验内容与要求

已知系统结构框图如图 6.7.1 所示，$G_0(s)$ 为原系统的传递函数，$G_c(s)$ 为校正网络的传递函数。

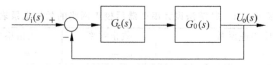

图 6.7.1　闭环系统结构框图

（1）设 $G_0(s) = \dfrac{10}{s(s+1)}$，$G_c(s)$ 为超前校正网络，要求：

① 利用 MATLAB 软件绘制 $G_c(s) = 1$ 时原系统的伯德图，求出截止频率 $\omega_c$、相角裕度 $\gamma$ 和幅值裕度 $h$(dB)。

② 利用 MATLAB 软件绘制 $G_c(s) = \dfrac{0.456s+1}{0.114s+1}$ 时校正后系统的伯德图，求出截止频率 $\omega_c''$、相角裕度 $\gamma''$ 和幅值裕度 $h''$(dB)。

③ 利用 MATLAB 软件分别绘制原系统和校正后系统的阶跃响应曲线，求出校正前后系统的超调量 $\sigma\%$ 和调节时间 $t_s$。

（2）设 $G_0(s) = \dfrac{30}{s(0.1s+1)(0.2s+1)}$，$G_c(s)$ 为滞后校正网络，要求：

① 利用 MATLAB 软件绘制 $G_c(s) = 1$ 时原系统的伯德图，求出截止频率 $\omega_c$、相角裕度 $\gamma$ 和幅值裕度 $h$(dB)。

② 利用 MATLAB 软件绘制 $G_c(s) = \dfrac{3.7s+1}{41s+1}$ 时校正后系统的伯德图，求出截止频率 $\omega_c''$、相角裕度 $\gamma''$ 和幅值裕度 $h''$(dB)。

③ 利用 MATLAB 软件分别绘制原系统和校正后系统的阶跃响应曲线，求出校正前后系统的超调量 $\sigma\%$ 和调节时间 $t_s$。

### 3. 实验步骤

1）超前校正

（1）绘制原系统的伯德图，求截止频率 $\omega_c$、相角裕度 $\gamma$ 和幅值裕度 $h$(dB)。

打开 MATLAB 软件操作界面。新建一个 M 文件，输入以下程序：

```
n1 = [10];d1 = [1,1,0];
bode(n1,d1);
[h1,r1,wx1,wc1] = margin(n1,d1)
```

**注**：上述程序中，n1、d1 分别为原系统开环传递函数的分子、分母多项式系数所构成的向量；h1 为幅值裕度，r1 为相角裕度，wx1 为系统的穿越频率，wc1 为系统的截止频率。

上述程序输完后，选择菜单命令"Debug"→"Save File and run"，保存文件，然后会弹出系统的伯德图，并在 MATLAB 软件的"Command Window"窗口显示 h1、r1、wx1 和 wc1 的值，将相应数据填入表 6.7.1 中。

（2）绘制校正后系统的伯德图，求截止频率 $\omega_c''$、相角裕度 $\gamma''$ 和幅值裕度 $h''$(dB)。

在上述 M 文件中，再输入以下程序：

```
n3 = 10 * [0.456,1];d3 = conv([1,1,0],[0.114,1]);
bode(n3,d3);
[h3,r3,wx3,wc3] = margin(n3,d3)
```

**注**：上述程序中，n3、d3 分别为校正后系统开环传递函数的分子、分母多项式系数构成的向量；h3 为幅值裕度，r3 为相角裕度，wx3 为系统的穿越频率，wc3 为系统的截止频率。

上述程序输完后，选择菜单命令"Debug"→"Save File and run"，就会弹出校正后系统的伯德图，并在 MATLAB 软件的"Command Window"窗口显示 h3、r3、wx3 和 wc3 的值，将相应数据填入表 6.7.1 中。

（3）绘制原系统和校正后系统的阶跃响应曲线，分别测出超调量 $\sigma\%$ 和调节时间 $t_s$。

在上述 M 文件中，再输入以下程序：

```
[n2,d2] = cloop(n1,d1);
sys2 = tf(n2,d2);
[n4,d4] = cloop(n3,d3);
sys4 = tf(n4,d4);
step(sys2,sys4)
```

上述程序输完后，选择菜单命令"Debug"→"Save File and run"，就会弹出"Figure 1"窗口，窗口中显示原系统和校正后系统的单位阶跃响应曲线，右键单击界面空白处，选择"Characteristics"菜单下的"Peak Response"和"Settling Time"子菜单，即在每条曲线中标出两个关键点，根据关键点可读出原系统和校正后系统的时域性能指标，如超调量 $\sigma\%$ 和调节时间 $t_s$，将这些数据填入表 6.7.1 中。

2）滞后校正

用另一种方法研究滞后校正对系统性能的影响。

打开 MATLAB 软件操作界面。新建一个 M 文件，输入以下程序：

表 6.7.1　超前校正的数据记录表

| 原系统 | 开环传递函数 $G_0(s) =$ | | 截止频率 $\omega_c =$ | 相角裕度 $\gamma =$ | 幅值裕度 $h(\mathrm{dB}) =$ |
|---|---|---|---|---|---|
| | 闭环传递函数 $\Phi(s) =$ | | 超调量 $\sigma\% =$ | 调节时间 $t_s =$ | |
| 校正后系统 | 开环传递函数 $G_0(s) \cdot G_c(s) =$ | | 截止频率 $\omega_c'' =$ | 相角裕度 $\gamma'' =$ | 幅值裕度 $h''(\mathrm{dB}) =$ |
| | 闭环传递函数 $\Phi''(s) =$ | | 超调量 $\sigma''\% =$ | 调节时间 $t_s'' =$ | |

```
n1 = [30];d1 = conv([0.1,1,0],[0.2,1]);
sys1 = tf(n1,d1);                % sys1 为原系统的开环传递函数
[n2,d2] = cloop(n1,d1);
sys2 = tf(n2,d2);                % sys2 为原系统的闭环传递函数
n3 = 30 * [3.7,1];
d3 = conv(conv([0.1,1,0],[0.2,1]) ,[41,1]);
sys3 = tf(n3,d3);                % sys3 为校正后系统的开环传递函数
[n4,d4] = cloop(n3,d3);
sys4 = tf(n4,d4);                % sys4 为校正后系统的闭环传递函数
ltiview                          % 打开 LTI Viewer 工具
```

上述程序输完后,选择菜单命令"Debug"→"Save File and run",就会弹出"LTI Viewer"窗口,在"LTI Viewer"窗口中,选择菜单命令"File"→"Import...",会弹出一个"Import System Data"窗口,窗口中右半部分显示四个系统 sys1、sys2、sys3 和 sys4,按住"Ctrl"键选择这四个系统,单击"OK",界面中会显示四个系统的阶跃响应曲线。

在 LTI Viewer 界面的空白处,单击右键,会出现如图 6.7.2 所示的子菜单。

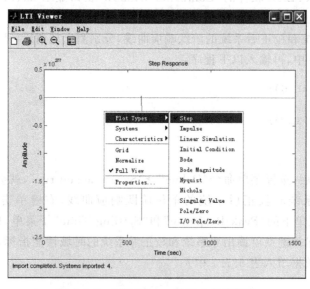

图 6.7.2　LTI Viewer 界面中的子菜单

图 6.7.2 中,"Plot Types"菜单:选择 LTI Viewer 界面中显示的曲线类型;"Systems"菜单:选择 LTI Viewer 界面中显示哪个系统的曲线;"Characteristics"菜单:选择 LTI

Viewer 界面中系统曲线中标注的特征量类型。

（1）频域性能指标。

“Systems”中仅选择“sys1”和“sys3”系统，将“sys2”和“sys4”系统前的“✔”去掉，“Plot Types”菜单中选择“Bode”，此时界面中显示的曲线为原系统和校正后系统的开环对数频率特性曲线。右击 LTI Viewer 界面的空白处，选择“Characteristics”菜单下的“All Stability Margins”子菜单，即在曲线中标出关键点，根据关键点可读出原系统和校正后系统的频域性能指标，如截止频率 $\omega_c$、相角裕度 $\gamma$ 和幅值裕度 $h(\mathrm{dB})$，将这些数据填入表 6.7.2 中。

（2）时域性能指标。

“Systems”中仅选择“sys2”系统，“Plot Types”菜单中选择“Step”，此时界面中显示的曲线为原系统的闭环阶跃响应曲线，根据曲线判断闭环系统是否稳定，并填入表 6.7.2 中。

“Systems”中仅选择“sys4”系统，“Plot Types”菜单中选择“Step”，此时界面中显示的曲线为校正后系统的闭环阶跃响应曲线，右击界面的空白处，选择“Characteristics”菜单下的“Peak Response”和“Settling Time”子菜单，即在曲线中标出两个关键点，根据关键点可读出校正后系统的时域性能指标，如超调量 $\sigma\%$ 和调节时间 $t_s$，将这些数据填入表 6.7.2 中。

表 6.7.2　滞后校正的数据记录表

| 原系统 | 开环传递函数 $G_0(s)=$ | 截止频率 $\omega_c=$ | 相角裕度 $\gamma=$ | 幅值裕度 $h(\mathrm{dB})=$ |
|---|---|---|---|---|
| | 闭环传递函数 $\Phi(s)=$ | 系统稳定性： | | |
| 校正后系统 | 开环传递函数 $G_0(s)\cdot G_c(s)=$ | 截止频率 $\omega_c''=$ | 相角裕度 $\gamma''=$ | 幅值裕度 $h''(\mathrm{dB})=$ |
| | 闭环传递函数 $\Phi''(s)=$ | 超调量 $\sigma''\%=$ | 调节时间 $t_s''=$ | |

### 4. 实验仪器与设备

装有 MATLAB 软件的计算机　　　　　　　　　　　　　　1 台

### 5. 预习要求

（1）熟悉串联超前校正网络的特点。

（2）熟悉串联滞后校正网络的特点。

（3）熟悉实验步骤。

### 6. 实验报告要求

（1）实验目的。

（2）实验内容与要求。

（3）实验步骤。

（4）完成表 6.7.1 和表 6.7.2。

（5）写出串联滞后校正与串联超前校正的不同。

（6）实验心得与体会。

# 6.8 用频域法设计串联滞后-超前校正网络

### 1. 实验目的

(1) 掌握用频域法设计串联滞后-超前校正网络的步骤。

(2) 掌握串联滞后-超前校正网络的电路及对数频率特性。

(3) 了解串联滞后-超前校正网络对系统性能的影响。

### 2. 实验原理

滞后-超前校正设计的基本原理是利用网络的超前部分来增大系统的相角裕度,同时利用滞后部分来改善系统的稳态性能。这种校正方法兼有滞后校正和超前校正的优点,即已校正系统响应速度较快,超调量较小,抑制高频噪声的性能也较好。当待校正系统不稳定,且要求校正后系统的响应速度、相角裕度和稳态精度较高时,采用滞后-超前校正比较适合。

无源滞后-超前网络的传递函数为

$$G_c(s) = \frac{1+T_1 s}{1+\alpha T_1 s} \cdot \frac{1+T_2 s}{1+\beta T_2 s} \tag{6.8.1}$$

式中,$\alpha\beta=1$,$\alpha>1$,$\beta<1$;$(1+T_1 s)/(1+\alpha T_1 s)$ 为网络的滞后部分;$(1+T_2 s)/(1+\beta T_2 s)$ 为网络的超前部分。

如果系统为单位反馈最小相位系统,则用频域法设计无源串联滞后-超前校正网络的步骤如下:

(1) 根据稳态误差要求,确定开环增益 $K$。

(2) 利用已确定的开环增益 $K$,绘制未校正系统的对数频率特性曲线,根据曲线记录未校正系统的截止频率 $\omega_c$、相角裕度 $\gamma$ 和幅值裕度 $h$(dB)。

(3) 在未校正系统的对数幅频特性曲线上,选择斜率由 $-20$dB/dec 变为 $-40$dB/dec 的交接频率作为校正网络超前部分的交接频率 $1/T_2$。

(4) 根据设计要求确定校正后系统的截止频率 $\omega''_c$,使校正网络中的 $1/T_2$ 和 $1/(\beta \cdot T_2)$ 位于 $\omega''_c$ 的两侧,则在 $\omega''_c$ 处 $G_c(s)$ 可近似为

$$G_c(s) \approx \frac{T_1 s \cdot T_2 s}{\alpha T_1 s} = \frac{T_2 s}{\alpha} \tag{6.8.2}$$

校正后系统在 $\omega''_c$ 处的对数幅频应为 0dB,所以有

$$L_0(\omega''_c) + 20\lg\left(\frac{T_2 \omega''_c}{\alpha}\right) = 0 \tag{6.8.3}$$

式中,$L_0(\omega''_c)$ 表示未校正系统在 $\omega''_c$ 处的对数幅频值,由此解出 $\alpha$。

(5) 根据相角裕度要求,估算校正网络滞后部分的交接频率 $\dfrac{1}{T_1}$。估算中因 $\dfrac{1}{\alpha T_1}$ 离 $\omega''_c$ 最远,所以可以令 $\dfrac{1}{1+\alpha T_1 s}$ 这一项在 $\omega''_c$ 处的相角为 $-90°$,再由 $\gamma'=180°+\varphi_0(\omega''_c)+\varphi_c(\omega''_c)$,求 $T_1$。

(6) 将滞后-超前校正网络加入未校正系统中,重新绘制频率特性曲线,并校验系统的各项性能指标是否满足设计要求,若不满足则可适当增大 $\omega''_c$,重新执行"步骤(4)、(5)、(6)",直至满足要求。

### 3. 实验内容与要求

已知一单位负反馈系统的开环传递函数为

$$G_0(s) = \frac{K}{s(0.1s+1)(0.5s+1)} \tag{6.8.4}$$

试设计一个无源串联滞后-超前校正装置,要求校正后系统满足下列性能指标:静态速度误差系数 $K_v = 180 \mathrm{s}^{-1}$,截止频率 $\omega_c'' \geqslant 3.2 \mathrm{rad/s}$,相角裕度 $\gamma'' \geqslant 45°$,幅值裕度 $h \geqslant 10 \mathrm{dB}$。

### 4. 实验步骤

(1) 根据 $K_v = 180 \mathrm{s}^{-1}$,求得 $K = K_v = 180$。

(2) 绘制未校正系统的对数频率特性曲线。

打开 MATLAB 软件操作界面。新建一个 M 文件,输入以下程序:

```
n1 = 180;
d1 = conv([1,0],conv([0.1,1],[0.5,1]));
sys1 = tf(n1,d1);
margin(sys1);
figure(2);
sys2 = feedback(sys1,1);
step(sys2)
```

上述程序输完后,选择菜单命令"Debug"→"Save File and run",就会弹出"Figure 1"和"Figure 2"两个图形界面窗口,分别如图 6.8.1 和图 6.8.2 所示。由图 6.8.1 可读出数据:幅值裕度 $h = -23.5 \mathrm{dB}$(即 $G_m$)、穿越频率 $\omega_x = 4.47 \mathrm{rad/s}$,相角裕度 $\gamma = -47.1°$(即 $P_m$)及截止频率 $\omega_c = 14.3 \mathrm{rad/s}$,性能指标不满足题目的要求。由图 6.8.2 可以看出未校正系统是不稳定的,因此必须对系统进行校正。

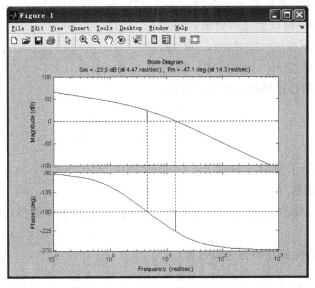

图 6.8.1　未校正系统的伯德图

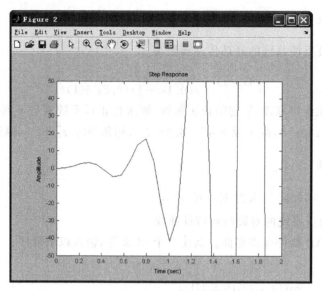

图 6.8.2　未校正系统的阶跃响应曲线

（3）未校正系统对数幅频特性曲线上斜率由$-20$dB/dec 变为$-40$dB/dec 的交接频率为 2rad/s，因此选取校正网络超前部分的交接频率$\dfrac{1}{T_2}=2$rad/s，即$T_2=0.5$。

（4）考虑到要求中频区斜率为$-20$dB/dec，并且题目设计要求$\omega''_c\geqslant3.2$rad/s，故$\omega''_c$应在 3.2～10rad/s 范围内选取，由于中频区应占一定的宽度，故选$\omega''_c=3.5$rad/s。

（5）在"实验步骤（2）"中新建的 M 文件中，再输入以下程序：

```
[mag,phase,w] = bode(sys1,3.5)
```

上述程序输完后，选择菜单命令"Debug"→"Save File and run"，在 MATLAB 软件的"Command Window"窗口会显示数据：mag$=27.6343$，phase$=-170$，将"mag$=27.6343$"代入式（6.8.3），可求得$\alpha=42.1454$，$\alpha$取 43。

（6）根据相角裕度$\gamma''\geqslant45°$的要求，求$T_1$。

此时，滞后-超前校正网络的传递函数为

$$G_c(s)=\frac{1+T_1s}{1+43T_1s}\cdot\frac{1+0.5s}{1+\dfrac{1}{86}s} \tag{6.8.5}$$

由"步骤（5）"中求解的$\varphi_0(\omega''_c)=-170°$，再由$\gamma''=180°+\varphi_0(\omega''_c)+\varphi_c(\omega''_c)$，利用 MATLAB 程序可求得$T_1$。

（7）绘制校正后系统的伯德图与阶跃响应曲线，检查各项性能指标是否满足题目的设计要求。

此时，校正后系统的开环传递函数为

$$G_0(s)G_c(s)=\frac{180}{s(0.1s+1)(0.5s+1)}\cdot\frac{T_1s+1}{43T_1s+1}\cdot\frac{0.5s+1}{\dfrac{1}{86}s+1}$$

校正后系统的伯德图和阶跃响应曲线的绘制部分的 MATLAB 程序编写在此处省略，由学生自己完成。最后根据系统的伯德图验证各项性能指标是否满足题目的设计要求。

**5．实验仪器与设备**

装有 MATLAB 软件的计算机             1 台

**6．预习要求**

（1）熟悉滞后-超前校正网络的电路及对数频率特性。

（2）熟悉用频域法设计串联滞后-超前校正网络的步骤。

（3）熟悉实验步骤。

**7．实验报告要求**

（1）实验目的。

（2）实验内容与要求。

（3）实验步骤。

（4）写出串联滞后-超前校正网络的设计过程及相应的计算结果。

（5）写出串联滞后-超前校正网络的特点及对系统性能的影响。

（6）实验心得与体会。

# 第7章

# 综合系统设计

## 7.1 直流电机闭环调速系统设计

### 1. 实验目的

(1) 掌握 PID 控制规律及控制器实现。

(2) 了解和掌握 PID 控制器控制参数的工程整定方法。

(3) 掌握用 MATLAB 软件仿真数字 PID 控制系统的方法。

(4) 观察和分析在 PID 控制系统中,PID 控制参数的改变对系统性能的影响。

### 2. 实验原理

本实验采用实际的直流电机作为被控对象,直流电机闭环调速控制系统结构框图如图 7.1.1 所示,由调节器、电机驱动功率放大器、直流电机、电机转速检测传感器和 F/V 转换器等部分构成。

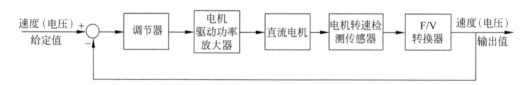

图 7.1.1 直流电机闭环调速控制系统结构框图

电机驱动功率放大器输入/输出电压范围为 0～+5V。电机转速检测传感器是一个光断续器,它通过装在电机轴上的光栅盘获得电机转速脉冲,该脉冲经 F/V 转换器形成电压在测速输出插孔输出,其电压范围为 0～+5V,对应电机转速为 0～4000r/min。

1) PID 控制器

具有比例-积分-微分控制规律的控制器,称为 PID 控制器。它用于被控对象传递函数 $G(s)$ 难以描述的情况,是一种应用广泛、行之有效的控制方法。PID 控制器是一种线性控制器,它根据给定值 $r(t)$ 与实际输出值 $y(t)$ 构成控制偏差 $e(t)=r(t)-y(t)$,将偏差 $e(t)$ 按比例(P)、积分(I)和微分(D)通过线性组合构成控制量 $u(t)$,对被控对象进行控制。PID 控制器的输出和输入之间的关系可描述为

$$u(t)=K_p\left[e(t)+\frac{1}{T_i}\int_0^t e(t)\mathrm{d}t+T_d\frac{\mathrm{d}e(t)}{\mathrm{d}t}\right] \tag{7.1.1}$$

式中，$u(t)$ 为控制器的输出信号；$e(t)$ 为控制器的偏差信号；$K_p$ 为比例系数；$T_i$ 为积分时间常数；$T_d$ 为微分时间常数。

2) 数字 PID 控制器

数字 PID 控制器是基于连续系统的计算机数字化，它把输入信号离散化，用数字形式的差分方程代替连续系统的微分方程进行控制，可以用式（7.1.2）形式的差分方程来表示：

$$u(n) = K_p \left\{ e(n) + \frac{T}{T_i} \sum_{j=0}^{n} e(j) + \frac{T_d}{T} [e(n) - e(n-1)] \right\} \tag{7.1.2}$$

式中，$T$ 为采样周期；$u(n)$ 为控制器第 $n$ 次控制变量的输出；$e(n)$ 为第 $n$ 次采样周期时的偏差信号；$e(n-1)$ 为第 $n-1$ 次采样周期时的偏差信号；$n$ 为采样序号，$n=0,1,2,\cdots$。

数字 PID 控制器的脉冲传递函数形式为

$$u(z) = K_p \left[ e(z) + \frac{T}{T_i}(1 + z^{-1})e(z) + \frac{T_d}{T}(1 - z^{-1})e(z) \right] \tag{7.1.3}$$

3) PID 控制器参数整定

PID 控制器参数的工程整定方法有试凑法、临界比例度法、衰减曲线法和反应曲线法等。反应曲线法适用于对象传递函数可近似为 $\dfrac{K_0}{T_0 s + 1} e^{-\tau s}$ 的场合。反应曲线法是开环整定方法，先测出系统处于开环状态下的对象动态特性（即输入阶跃信号，测得控制对象输出的阶跃响应曲线），然后根据动态特性估算出对象特性参数：控制对象的增益 $K_0$、惯性环节时间常数 $T_0$ 和滞后时间常数 $\tau$，最后根据近似经验公式计算 PID 控制器参数。反应曲线法受实验条件的限制比较少，通用性强。柯恩（Cheen）-库恩（Coon）整定-反应曲线法的 PID 控制器的整定公式为

$$\begin{cases} K_p = \dfrac{1}{K_0} \times \left( 1.35 \times \dfrac{\tau}{T_0} + 0.27 \right) \\[3mm] T_i = T_0 \times \dfrac{2.5 \times (\tau/T_0) + 0.5 \times (\tau/T_0)^2}{1 + 0.6 \times (\tau/T_0)} \\[3mm] T_d = T_0 \times \dfrac{0.37 \times (\tau/T_0)}{1 + 0.2 \times (\tau/T_0)} \end{cases} \tag{7.1.4}$$

## 3. 实验内容与要求

直流电机闭环控制系统结构框图如图 7.1.2 所示，利用 PID 控制器来提高直流电机控制系统的性能。

图 7.1.2　直流电机闭环控制系统结构框图

要求：

（1）辨识直流电机模型；

（2）数字 PID 控制器的参数整定；

（3）根据直流电机闭环控制系统的阶跃响应曲线测量超调量 $\sigma\%(\sigma\%\leqslant20\%)$ 和峰值时间 $t_{\mathrm{p}}(t_{\mathrm{p}}\leqslant1.5\mathrm{s})$。

#### 4. 实验步骤

**1）辨识直流电机模型**

直流电机的数学模型可以用一个惯性环节和一个延迟环节来近似，其传递函数为

$$G_0(s)=\frac{K_0}{T_0s+1}\mathrm{e}^{-\tau s} \tag{7.1.5}$$

这种被控对象在工程中普遍采用阶跃输入实验辨识的方法来辨识 $K_0$、$T_0$ 和 $\tau$。

实验步骤：

（1）按照图 7.1.3 在实验箱上搭建直流电机阶跃输入的模拟电路。

图 7.1.3　直流电机阶跃输入的模拟电路

B1-OUT1 产生周期性矩形波信号，作为电机的输入信号。直流电机的测速输出连接到虚拟示波器 B2-CH2。

（2）根据阶跃响应曲线，辨识直流电机模型参数。

按照图 7.1.3 连接实验线路。

运行 LabACTn 程序。在实验软件界面中依次单击"**计算机控制技术实验**"→"**数字 PID 控制**"→"**被控对象辨识**"→"**对象开环辨识**"→"**启动实验项目**"，会弹出"**虚拟示波器**"界面，在界面右侧的"**信号源参数区**"，设置阶跃波幅值为 4 伏。单击界面右侧的"**下载**"按钮进行参数的下载，再单击"**开始**"按钮，实验运行，单击"**停止**"按钮可以结束实验运行，进行数据测量。直流电机的阶跃输入、输出曲线如图 7.1.4 所示。

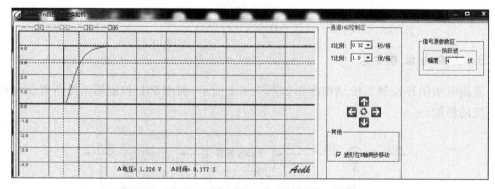

图 7.1.4　直流电机的阶跃输入、输出曲线

根据直流电机的阶跃输入、输出曲线分别测量出输入 $U$ 和输出 $Y_0(\infty)$。然后根据 $Y_0(t_1)=0.3Y_0(\infty)$，测量出 $t_1$。根据 $Y_0(t_2)=0.7Y_0(\infty)$，测量出 $t_2$。

根据式（7.1.6），辨识直流电机模型参数 $K_0$、$T_0$ 和 $\tau$，得到直流电机模型，并将数据填

入表 7.1.1 中。

$$
\begin{cases}
T_0 = \dfrac{t_2 - t_1}{0.8473} \\[2mm]
\tau = \dfrac{1.204t_1 - 0.356t_2}{0.8473} \\[2mm]
K_0 = \dfrac{Y_0(\infty)}{U}
\end{cases}
\tag{7.1.6}
$$

2) 数字 PID 控制器的参数整定

本实验中数字 PID 控制器的参数整定方法选用的是柯恩-库恩整定-反应曲线法,由式(7.1.7)计算出 PID 控制器参数 $K_p$、$T_i$ 和 $T_d$。

$$
\begin{cases}
K_p = \dfrac{1}{K_0} \times \left(1.35 \times \dfrac{\tau}{T_0} + 0.27\right) \\[3mm]
T_i = T_0 \times \dfrac{2.5 \times (\tau/T_0) + 0.5 \times (\tau/T_0)^2}{1 + 0.6 \times (\tau/T_0)} \\[3mm]
T_d = T_0 \times \dfrac{0.37 \times (\tau/T_0)}{1 + 0.2 \times (\tau/T_0)}
\end{cases}
\tag{7.1.7}
$$

根据式(7.1.8)计算出数字 PID 控制器的控制系数 $P$、$I$ 和 $D$,将数据填入表 7.1.1 中。本实验中,采样周期 $T$ 取 15ms,即 0.015s。

$$
\begin{cases}
P = K_p \\[2mm]
I = K_p \dfrac{T}{T_i} \\[2mm]
D = K_p \dfrac{T_d}{T}
\end{cases}
\tag{7.1.8}
$$

3) 用 MATLAB 仿真被控对象

用工程整定方法整定出的 PID 控制参数 $K_p$、$T_i$ 和 $T_d$ 不能直接加入实际系统中,需事先通过仿真,观察这些控制参数的实际效果。若效果好,则直接应用于实际系统中;若效果不好,则需对控制参数进行修正,直到效果满意,才能将 PID 控制参数应用于实际系统。用 Simulink 工具箱搭建的直流电机系统模型如图 7.1.5 所示。

如果采样周期 T 与被控对象的时间常数符合 $T \leqslant 0.1 \times (T_0 + \tau)$,则可获得良好的 PID 调节效果。

图 7.1.5 中,阶跃信号模块的"Step time"设置为"0","Final value"设置为"3","Transport Delay"模块的"Time delay"设置为 $\tau$,"Transfer Fcn"模块的设置根据 $\dfrac{K_0}{T_0 s + 1}$ 惯性环节的传递函数来设置。"Saturation"模块的"Upper limit""Lower limit"分别设置为"5"和"-5"。3 个增益模块"Gain"中的值分别设置为 $K_p$、$\dfrac{T}{T_i}$、$\dfrac{T_d}{T}$(其中 $T$ 为采样周期,单位为 s)。另外,所有可以设置采样时间模块的"Sample time"都设置为"0.015s"。

建立图 7.1.5 的模型及设置模块参数后,还需进行仿真参数的设置。选择菜单"Simulation"→"Configuration Parameters…"命令,在打开的"参数设置"对话框中,将"Max

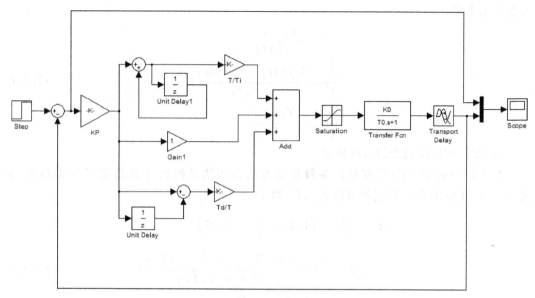

图 7.1.5  用 Simulink 工具箱搭建的直流电机系统模型

step size"中的数据改为"1e-3",然后单击"OK",再单击"仿真开始"按钮开始仿真。单击示波器观察响应曲线,若 $\sigma\% \leqslant 20\%$,$t_{\mathrm{p}} \leqslant 1.5\mathrm{s}$,则仿真过程结束;若不满足要求,则需对 PID 控制参数进行修正,然后再仿真观察效果,直到满足要求为止。

数字 PID 控制器的控制参数修正如下:

为了使系统的响应速度加快,可适当增大比例增益 $K_{\mathrm{p}}$,又为了使系统的超调量不至于过大,可牺牲一点稳态控制精度,增加点积分时间常数 $T_{\mathrm{i}}$。经过工程整定后获得的微分时间常数 $T_{\mathrm{d}}$ 一般是最佳参数,轻易不要修改。

4) 实现直流电机的闭环调速

直流电机闭环调速系统的框图如图 7.1.6 所示。

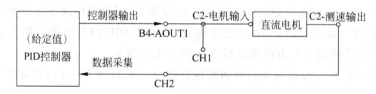

图 7.1.6  直流电机闭环调速系统的框图

由图 7.1.6 可见,当给定直流电机转速值(在虚拟示波器界面中设置)与直流电机实际转速值(测速输出)相比较,其差值 $e(t)$ 在计算机中进行 PID(控制系数 $P$、$I$ 和 $D$ 在虚拟示波器界面中设置)计算,计算得到的控制电压信号由控制器输出驱动直流电机,改变电机的转速,从而实现直流电机闭环调速控制。

实验连线:

(1) 控制器输出:B4-AOUT1→C2(电机输入);

(2) 数据采集:C2(测速输出)→B2-CH2;

(3) 控制器输出显示:B4-AOUT1→B2-CH1。

实验步骤：

（1）运行 LabACTn 程序。

在实验软件界面中依次单击“**控制系统应用实验 A**”→“**直流电机控制**”→“**启动实验项目**”，会弹出“**虚拟示波器**”界面。

（2）设置控制器参数，运行。

在虚拟示波器界面右侧的“**控制参数区**”，设置数字 PID 控制器控制系数 $P$、$I$ 和 $D$。设置后单击“**下载**”按钮进行参数的下载，再单击“**开始**”按钮，实验运行，当“**停止**”按钮重新变成“**开始**”按钮时，说明系统的响应曲线绘制完毕，即可进行数据测量并判断系统稳定性。

直流电机闭环调速系统的输入、输出曲线如图 7.1.7 所示。

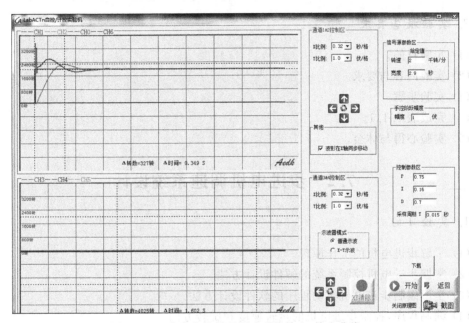

图 7.1.7　直流电机闭环调速系统输入、输出曲线

（3）根据直流电机的闭环阶跃响应曲线测量性能指标。

根据图 7.1.7 中的闭环阶跃响应曲线测量超调量 $\sigma\%$ 和峰值时间 $t_p$，验证是否满足 $\sigma\%\leqslant20\%$ 和 $t_p\leqslant1.5\mathrm{s}$ 的要求，若满足则将超调量 $\sigma\%$ 和峰值时间 $t_p$ 填入表 7.1.1 中，若不满足，则需要修正数字 PID 控制系数，然后重新根据曲线测量性能指标，直至满足要求为止，将最终满足要求的性能指标填入表 7.1.1 中。

表 7.1.1　直流电机闭环控制的数据记录表

| 直流电机阶跃输入、输出 | $U=$ | $Y_0(\infty)=$ | $t_1=$ | $t_2=$ |
|---|---|---|---|---|
| 直流电机模型 | $K_0=$ | $T_0=$ | | $\tau=$ |
| PID 控制系数 | $P=$ | $I=$ | | $D=$ |
| PID 修正系数 | $P'=$ | $I'=$ | | $D'=$ |
| 直流电机阶跃响应曲线 | 超调量 $\sigma\%=$ | 峰值时间 $t_p=$ | | |

### 5. 实验仪器与设备

装有 LabACTn 软件的计算机　　　　　　　　　　　　　　　　　1 台
AEDK-LabACTn 实验箱　　　　　　　　　　　　　　　　　　　1 台

### 6. 预习要求

（1）熟悉 PID 控制器的控制规律。
（2）了解 PID 控制器控制参数的工程整定方法。
（3）掌握用 MATLAB 软件仿真实现 PID 控制器参数整定。

### 7. 实验报告要求

（1）实验目的。
（2）实验内容与要求。
（3）实验步骤。
（4）完成表 7.1.1。
（5）实验心得与体会。

# 7.2　步进电机调速系统设计

### 1. 实验目的

（1）了解步进电机的工作原理。
（2）掌握步进电机控制系统的硬件设计方法。
（3）学习编制步进电机驱动程序的软件设计方法。
（4）编制程序,控制步进电机的运转速度和旋转方向。

### 2. 实验原理

步进电机又称为脉冲电机,是工业过程控制中一种能够快速启动、反转和制动的执行元件,其功能是将电脉冲信号转换为相应的角位移或直线位移。步进电机直接采用数字脉冲信号控制,步进电机的角位移量或线位移量与脉冲数成正比,每给一个脉冲,步进电机就转动一个角度或前进/倒退一步。因此,只要控制输入步进电机的脉冲数就可以调节步进电机的速度。

步进电机旋转的角度由输入的电脉冲数确定,当某一相绕阻通电时,对应的磁极产生磁场,并与转子形成磁路,这时,如果定子和转子的小齿没有对齐,在磁场的作用下,由于磁通具有力图走磁阻最小路径的特点,转子将转动一定的角度,使转子与定子的小齿相互对齐,错齿是促使电机旋转的原因。

步进电机多为永磁感应式,有两相、四相、六相等多种,四相单四拍方式的脉冲分配表见表 7.2.1,四相八拍方式的脉冲分配表见表 7.2.2。

表 7.2.1 四相单四拍方式的脉冲分配表

| 顺序 | 相 | | | |
|---|---|---|---|---|
| | D | C | B | A |
| N | 1 | 0 | 0 | 0 |
| N+1 | 0 | 1 | 0 | 0 |
| N+2 | 0 | 0 | 1 | 0 |
| N+3 | 0 | 0 | 0 | 1 |

表 7.2.2 四相八拍方式的脉冲分配表

| 顺序 | 相 | | | |
|---|---|---|---|---|
| | D | C | B | A |
| N | 1 | 0 | 0 | 0 |
| N+1 | 1 | 1 | 0 | 0 |
| N+2 | 0 | 1 | 0 | 0 |
| N+3 | 0 | 1 | 1 | 0 |
| N+4 | 0 | 0 | 1 | 0 |
| N+5 | 0 | 0 | 1 | 1 |
| N+6 | 0 | 0 | 0 | 1 |
| N+7 | 1 | 0 | 0 | 1 |

如果步进电机每一相均停止通电,则电机处于自由状态;若某一相一直通直流电,则电机可以保持在固定的位置上,即停在最后一个脉冲控制的角位移的终点位置上,这样,步进电机可以实现停车时转子定位,即实现自锁功能。当步进电机处于自锁时,若用手旋转它,感觉很难转动。步进电机四相长时间通电流会引起电机发热,因此,当电机空闲时应注意将各相电流断开。

步进电机是用电脉冲进行控制的电机,改变脉冲输入频率,即可改变电机的速度。改变通电顺序,即可改变定子磁场旋转的方向,就实现了步进电机的正反转。

1) 步进电机运行速度的控制

四相单四拍方式的脉冲时序图如图 7.2.1 所示,当改变电脉冲的周期,ABCD 四相绕组高低电平的宽度将发生变化,则通电和断电的变化率发生变化,使电机转速改变,因此,调节电脉冲的周期就可以控制步进电机的运转速度。

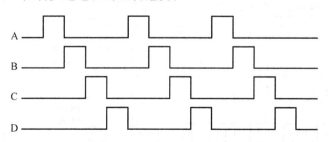

图 7.2.1 四相单四拍方式的脉冲时序图

2）步进电机运转方向的控制

由图 7.2.1 可知，步进电机以四相单四拍方式工作时，若按 A→B→C→D→A 次序通电时，为正转（逆时针转）；若按 D→C→B→A→D 次序通电，则为反转（顺时针转）。其他工作方式下的方向控制原理相同。

本实验中选用的是 35BY48 步进电机，其参数分别为：相位为 4，步距角为 7.5°/3.75°（四相四拍时，步距角为 7.5°；四相八拍时，步距角为 3.75°），频率为 1150Hz/s，驱动电压为 12V，额定电流为 0.133A，点保持转矩为 340g·cm，启动力矩为 35g·cm。

### 3. 实验内容与要求

要求通过改变电机的转速和转向，观察步进电机的运行情况。要求步进电机旋转一个角度，观察步进电机的旋转情况。并编写相应的源文件实现上述功能。

### 4. 实验步骤

（1）本实验无需连线，内部已连接好。

（2）运行、观察。

运行 LabACTn 程序。在实验软件界面中依次单击"**控制系统应用实验 A**"→"**步进电机控制**"→"**启动实验项目**"，会弹出"**虚拟示波器**"界面，界面左侧会显示电机旋转时的脉冲时序图，在界面右侧可以设置步进电机的控制方式（四相四拍或四相八拍）、旋转方向（顺时针转或逆时针转）和转速。

当步进电机的控制方式和旋转方向设置完成后，单击界面中的"**下载**"按钮进行参数的下载，再单击"**开始**"按钮，实验运行。

四相四拍方式逆时针转的步进电机脉冲时序图如图 7.2.2 所示。

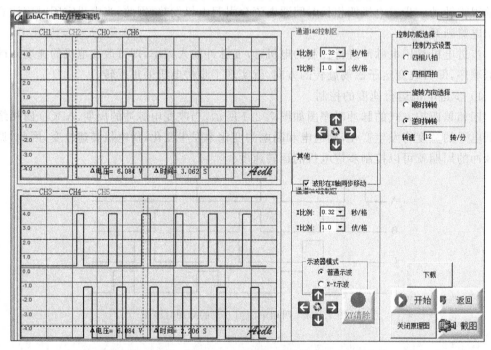

图 7.2.2　四相四拍方式逆时针转的步进电机脉冲时序图

四相八拍方式逆时针转的步进电机脉冲时序图如图 7.2.3 所示。

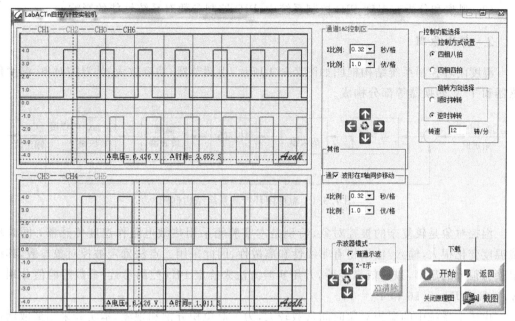

图 7.2.3　四相八拍方式逆时针转的步进电机脉冲时序图

### 5. 实验仪器与设备

| | |
|---|---|
| 装有 LabACTn 软件的计算机 | 1 台 |
| AEDK-LabACTn 实验箱 | 1 台 |

### 6. 预习要求

（1）了解步进电机的工作原理。

（2）熟悉步进电机控制系统的硬件设计方法。

（3）掌握步进电机速度调节和方向控制的原理。

### 7. 实验报告要求

（1）实验目的。

（2）实验内容与要求。

（3）实验步骤。

（4）实验心得与体会。

## 7.3　温度闭环控制系统设计

### 1. 实验目的

（1）了解温度 PID 闭环控制的构成和工作原理。

（2）了解和掌握用实验箱实现温度 PID 闭环控制的被控过程。

（3）观察和分析在温度 PID 控制系统中，PID 控制参数对系统性能的影响。

## 2. 实验原理

温度闭环控制系统结构框图如图 7.3.1 所示，由调节器、功率放大器、温控对象、温度传感器和 T/V 转换器等部分构成。

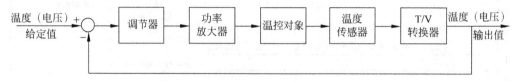

图 7.3.1　温度闭环控制系统结构框图

温控对象是较复杂的被控对象，特别是本实验箱采用热敏电阻作温度传感器，同时环境温度变化很大，输入/输出将有非线性和离散性，因此采用二点法确定被控对象参数，其结果会有很大的超调，只能依靠经验，并用实验方法来确定 PID 控制参数，参数经验值分别为 $K_p=5.2$、$T_i=0.16$ 和 $T_d=10$。

由于本系统中的温控对象时间常数较大，为了避免积分饱和现象，本实验采用离散增量型 PID 控制。

温控对象采用装在散热器下的热敏电阻进行测温，当温度为 0℃时，测温输出电压为 −2.318V；当温度上升时，输出电压增加，当温度为 80℃时，测温输出电压为 +3.569V。温控对象的温度与测温输出电压的对应关系见表 7.3.1。

表 7.3.1　温控对象的温度与测温输出电压的关系表

| 温度/℃ | 输出电压/V | 温度/℃ | 输出电压/V | 温度/℃ | 输出电压/V |
| --- | --- | --- | --- | --- | --- |
| 0 | −2.318 | 35 | 0.903 | 70 | 3.177 |
| 5 | −1.1882 | 40 | 1.317 | 75 | 3.389 |
| 10 | −1.423 | 45 | 1.707 | 80 | 3.569 |
| 15 | −0.951 | 50 | 2.062 | 85 | 3.734 |
| 20 | −0.473 | 55 | 2.386 | 90 | 3.873 |
| 25 | 0.000 | 60 | 2.680 | 95 | 4.001 |
| 30 | 0.461 | 65 | 2.943 | 100 | 4.112 |

## 3. 实验内容与要求

温度闭环控制系统结构框图如图 7.3.2 所示，请参照温控对象的温度与测温输出电压的对应关系表 7.3.1，给输入端加一定的输入电压（即设置给定温度），测量经过温度闭环控制系统控制后的温度输出（通过虚拟示波器上的曲线可以测量），要求观察给定温度值和实际温度值之间的偏差，根据偏差来调节 PID 控制器的控制参数，从而实现较满意的温度闭环控制系统。

图 7.3.2　温度闭环控制系统结构框图

#### 4. 实验步骤

温度闭环控制系统的实验连接图如图 7.3.3 所示,当给系统一个给定温度值(在虚拟示波器界面上设置"给定温度")与当前温度(测温输出)相比较,其差值 $e(t)$ 在计算机中进行 PID 计算(PID 控制参数在虚拟示波器界面上进行设置),计算得到 $u(t)$ 通过控制器输出驱动温控对象进行温度调节,从而实现温度闭环控制系统。

本实验中,采样周期 $T$ 为 4s。

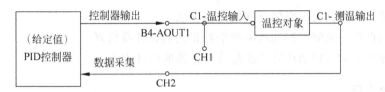

图 7.3.3　温度闭环控制系统的实验连接图

1) 实验连线

(1) 控制器输出:B4-AOUT1→C1(温控输入);

(2) 数据采集:C1(测温输出)→B2-CH2;

(3) 控制器输出显示:B4-AOUT1→B2-CH1。

**注**:实验前需要关闭风扇扰动,即把风扇开关拨下,灯灭。当需要加扰动时,再把风扇开关拨上。

2) 运行、观察、测量

运行 LabACTn 程序。在实验软件界面中依次单击"**控制系统应用实验 A**"→"**温度 PID 控制**"→"**启动实验项目**",会弹出"**虚拟示波器**"界面,在界面右侧的"**信号源参数区**",设置温度给定值,在"**控制参数区**",设置 PID 控制参数和采样周期。单击界面右侧的"**下载**"按钮进行参数的下载,再单击"**开始**"按钮,实验运行,当"**停止**"按钮重新变成"**开始**"按钮时,说明系统的响应曲线绘制完毕,即可进行数据测量并判断系统稳定性。

若系统不稳定,可以修正 PID 参数,再重新下载参数重新开始实验,直至系统稳定。

#### 5. 实验仪器与设备

| | |
|---|---|
| 装有 LabACTn 软件的计算机 | 1 台 |
| AEDK-LabACTn 实验箱 | 1 台 |

#### 6. 预习要求

(1) 了解温控对象加热的工作原理。

（2）掌握温度闭环控制系统的构成和工作原理。

（3）熟悉 PID 控制算法。

### 7. 实验报告要求

（1）实验目的。

（2）实验内容与要求。

（3）实验步骤。

（4）实验心得与体会。

# 7.4　直线一级倒立摆控制系统设计

### 1. 实验目的

（1）了解和掌握直线一级倒立摆的建模方法。

（2）掌握直线一级倒立摆的频率响应校正法的设计及仿真。

（3）掌握基于 MATLAB 的串联超前校正器的设计方法。

### 2. 实验原理

倒立摆系统是一种绝对不稳定、多变量、强耦合的非线性系统，可以作为一个典型的控制对象对其进行研究。按照倒立摆的结构来分，有直线倒立摆、环形倒立摆、平面倒立摆和复合倒立摆。控制器的设计是倒立摆的核心内容，因为倒立摆是一个不稳定系统，为保证其稳定且可以承受一定的干扰，需要设计控制器。目前典型的控制器设计理论有 PID 控制、根轨迹及频率响应法、状态空间法、最优控制理论、模糊控制理论、神经网络控制、智能控制、鲁棒控制、自适应控制等。

在忽略空气阻力和各种摩擦之后，直线一级倒立摆系统可以抽象成小车和匀质杆组成的系统，如图 7.4.1 所示。

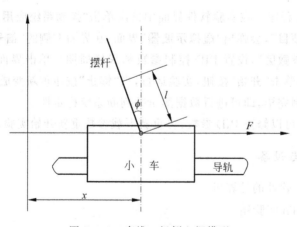

图 7.4.1　直线一级倒立摆模型

系统各参数定义如下：

$M$——小车质量；

$m$——摆杆质量；

$b$——小车摩擦系数；

$l$——摆杆转动轴心到杆质心的长度；

$I$——摆杆惯量；

$F$——加在小车上的力；

$x$——小车位置；

$\phi$——摆杆与垂直向上方向的夹角；

$\theta$——摆杆与垂直向下方向的夹角（当摆杆初始位置为竖直向下）。

系统中小车和摆杆的受力分析图如图 7.4.2 所示。图 7.4.2 中 $N$ 和 $P$ 为小车与摆杆相互作用力的水平和垂直方向的分量。在实际倒立摆系统中检测和执行装置的正负方向已确定，因而矢量方向的定义如图 7.4.2 所示，图示方向为矢量正方向。

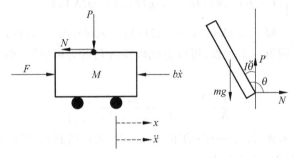

图 7.4.2　小车及摆杆受力分析

根据牛顿定律，由小车水平方向的受力分析，可得

$$F - b\dot{x} - N = M\ddot{x} \qquad (7.4.1)$$

由摆杆水平方向的受力分析，可得

$$N = m\frac{\mathrm{d}^2}{\mathrm{d}t^2}(x + l\sin\theta) \qquad (7.4.2)$$

即

$$N = m\ddot{x} + ml\ddot{\theta}\cos\theta - ml\dot{\theta}^2\sin\theta \qquad (7.4.3)$$

将式(7.4.3)代入式(7.4.1)中，得到系统的第一个运动方程

$$(M+m)\ddot{x} + b\dot{x} + ml\ddot{\theta}\cos\theta - ml\dot{\theta}^2\sin\theta = F \qquad (7.4.4)$$

对摆杆垂直方向进行受力分析，可得方程

$$P - mg = m\frac{\mathrm{d}^2}{\mathrm{d}t^2}(l\cos\theta) \qquad (7.4.5)$$

即

$$P - mg = -ml\ddot{\theta}\sin\theta - ml\dot{\theta}^2\cos\theta \qquad (7.4.6)$$

力矩平衡方程为

$$-Pl\sin\theta - Nl\cos\theta = I\ddot{\theta} \tag{7.4.7}$$

**注意**：式(7.4.7)中力矩的方向,由于 $\theta = \pi + \phi$, $\cos\phi = -\cos\theta$, $\sin\phi = -\sin\theta$, 故等式前面有负号。

将式(7.4.3)和式(7.4.5)代入式(7.4.7)中,约去 $N$ 和 $P$,可得第二个运动方程

$$(I + ml^2)\ddot{\theta} + mgl\sin\theta = -ml\ddot{x}\cos\theta \tag{7.4.8}$$

设 $\theta = \pi + \phi$,假设 $\phi \ll 1$,则可作近似处理: $\cos\theta = -1$, $\sin\theta = -\phi$, $\left(\dfrac{\mathrm{d}\theta}{\mathrm{d}t}\right)^2 = 0$。用 $u$ 代表被控对象的输入力 $F$,线性化后系统的两个运动方程为

$$\begin{cases} (I + ml^2)\ddot{\phi} - mgl\phi = ml\ddot{x} \\ (M + m)\ddot{x} + b\dot{x} - ml\ddot{\phi} = u \end{cases} \tag{7.4.9}$$

假设初始条件为 $0$,对式(7.4.9)进行拉普拉斯变换,得到

$$\begin{cases} (I + ml^2)\phi(s)s^2 - mgl\phi(s) = mlX(s)s^2 \\ (M + m)X(s)s^2 + bX(s)s - ml\phi(s)s^2 = U(s) \end{cases} \tag{7.4.10}$$

由式(7.4.10)中的第一个方程,可以得到以摆杆角度为输出量、小车位移为输入量的传递函数为

$$\frac{\phi(s)}{X(s)} = \frac{mls^2}{(I + ml^2)s^2 - mgl} \tag{7.4.11}$$

将式(7.4.11)代入式(7.4.10)中的第二个方程,可以得到以摆杆角度为输出量、小车输入作用力 $u$ 为输入量的传递函数为

$$\frac{\phi(s)}{U(s)} = \frac{\dfrac{ml}{q}s^2}{s^4 + \dfrac{b(I + ml^2)}{q}s^3 - \dfrac{(M + m)mgl}{q}s^2 - \dfrac{bmgl}{q}s} \tag{7.4.12}$$

式(7.4.12)中, $q = (M + m)(I + ml^2) - (ml)^2$。

系统状态空间方程为

$$\begin{cases} \dot{x} = Ax + Bu \\ y = Cx + Du \end{cases} \tag{7.4.13}$$

设系统状态变量分别为:小车位置 $x$,小车速度 $\dot{x}$,摆杆的角位置 $\phi$,摆杆的角速度 $\dot{\phi}$。则由式(7.4.9)可以得到

$$\begin{cases} \dot{x} = \dot{x} \\ \ddot{x} = \dfrac{-(I + ml^2)b}{I(M + m) + Mml^2}\dot{x} + \dfrac{m^2gl^2}{I(M + m) + Mml^2}\phi + \dfrac{(I + ml^2)}{I(M + m) + Mml^2}u \\ \dot{\phi} = \dot{\phi} \\ \ddot{\phi} = \dfrac{-mlb}{I(M + m) + Mml^2}\dot{x} + \dfrac{(M + m)mgl}{I(M + m) + Mml^2}\phi + \dfrac{ml}{I(M + m) + Mml^2}u \end{cases}$$

$$\tag{7.4.14}$$

对式(7.4.14)进行整理,得到系统的状态空间方程为

$$
\begin{cases}
\begin{bmatrix} \dot{x} \\ \ddot{x} \\ \dot{\phi} \\ \ddot{\phi} \end{bmatrix} =
\begin{bmatrix}
0 & 1 & 0 & 0 \\
0 & \dfrac{-(I+ml^2)b}{I(M+m)+Mml^2} & \dfrac{m^2gl^2}{I(M+m)+Mml^2} & 0 \\
0 & 0 & 0 & 1 \\
0 & \dfrac{-mlb}{I(M+m)+Mml^2} & \dfrac{(M+m)mgl}{I(M+m)+Mml^2} & 0
\end{bmatrix}
\begin{bmatrix} x \\ \dot{x} \\ \phi \\ \dot{\phi} \end{bmatrix} +
\begin{bmatrix} 0 \\ \dfrac{I+ml^2}{I(M+m)+Mml^2} \\ 0 \\ \dfrac{ml}{I(M+m)+Mml^2} \end{bmatrix} u \\[2em]
y = \begin{bmatrix} x \\ \phi \end{bmatrix} =
\begin{bmatrix} 1 & 0 & 0 & 0 \\ 0 & 0 & 1 & 0 \end{bmatrix}
\begin{bmatrix} x \\ \dot{x} \\ \phi \\ \dot{\phi} \end{bmatrix} +
\begin{bmatrix} 0 \\ 0 \end{bmatrix} u
\end{cases}
$$

$$(7.4.15)$$

本实验室倒立摆实际系统的模型参数如下:

$M$——小车质量,1.096kg;

$m$——摆杆质量,0.109kg;

$b$——小车摩擦系数,0.1N/(m·s);

$l$——摆杆转动轴心到杆质心的长度,0.25m;

$I$——摆杆惯量,0.0034kg·m$^2$。

将上述参数分别代入式(7.4.11)、式(7.4.12)和式(7.4.15),可以得到倒立摆实际系统模型。

以摆杆角度为输出量、小车位移为输入量的传递函数为

$$
\frac{\phi(s)}{X(s)} = \frac{0.02725s^2}{0.0102125s^2 - 0.26705}
\tag{7.4.16}
$$

以摆杆角度为输出量、小车加速度为输入量的传递函数为

$$
\frac{\phi(s)}{V(s)} = \frac{0.02725}{0.0102125s^2 - 0.26705}
\tag{7.4.17}
$$

以摆杆角度为输出量、小车输入作用力 $u$ 为输入量的传递函数为

$$
\frac{\phi(s)}{U(s)} = \frac{2.35655s}{s^2 + 0.0883167s^2 - 27.9169s - 2.30942}
\tag{7.4.18}
$$

系统的状态空间方程为

$$
\begin{cases}
\begin{bmatrix} \dot{x} \\ \ddot{x} \\ \dot{\phi} \\ \ddot{\phi} \end{bmatrix} =
\begin{bmatrix}
0 & 1 & 0 & 0 \\
0 & -0.0883167 & 0.629317 & 0 \\
0 & 0 & 0 & 1 \\
0 & -0.235655 & 27.8285 & 0
\end{bmatrix}
\begin{bmatrix} x \\ \dot{x} \\ \phi \\ \dot{\phi} \end{bmatrix} +
\begin{bmatrix} 0 \\ 0.883167 \\ 0 \\ 2.35655 \end{bmatrix} u \\[2em]
y = \begin{bmatrix} x \\ \phi \end{bmatrix} =
\begin{bmatrix} 1 & 0 & 0 & 0 \\ 0 & 0 & 1 & 0 \end{bmatrix}
\begin{bmatrix} x \\ \dot{x} \\ \phi \\ \dot{\phi} \end{bmatrix} +
\begin{bmatrix} 0 \\ 0 \end{bmatrix} u
\end{cases}
$$

$$(7.4.19)$$

### 3. 实验内容与要求

（1）已知单位负反馈系统，其开环传递函数是倒立摆系统中以摆杆角度为输出、小车加速度为输入的传递函数：$\dfrac{\phi(s)}{V(s)} = \dfrac{0.02725}{0.0102125s^2 - 0.26705}$，试设计串联超前校正控制器，使得校正后系统满足：静态位置误差系数为 10，相角裕度 $\gamma'' \geqslant 50°$。

（2）已知单位负反馈系统，其开环传递函数是倒立摆系统中以摆杆角度为输出、小车加速度为输入的传递函数：$\dfrac{\phi(s)}{V(s)} = \dfrac{0.02725}{0.0102125x^2 - 0.26705}$，试利用根轨迹法设计控制器，使得校正后系统满足：超调量 $\sigma'' \% \leqslant 15\%$，调节时间 $t_s'' = 0.5\text{s}(\Delta = \pm 2\%)$。

### 4. 实验步骤

（1）设计串联超前校正控制器是按照超前校正控制器的设计步骤来进行设计的，具体步骤如下：

① 根据稳态误差要求，确定开环增益 $K$。

设超前校正控制器的传递函数为

$$G_c(s) = \frac{K_c}{a} \cdot \frac{1 + aTs}{1 + Ts} \tag{7.4.20}$$

校正后系统的开环传递函数为

$$G_0(s)G_c(s) = \frac{K_c}{a} \cdot \frac{1 + aTs}{1 + Ts} \cdot \frac{0.02725}{0.0102125s^2 - 0.26705} \tag{7.4.21}$$

静态位置误差系数为

$$K_p = \lim_{s \to 0} G_0(s)G_c(s) = \frac{K_c}{a} \cdot \frac{0.02725}{0.26705} = 10 \tag{7.4.22}$$

求解式（7.4.22）可得，$K = \dfrac{K_c}{a} = 98$。

② 绘制添加增益后的直线一级倒立摆的伯德图，如图 7.4.3 所示。

打开 MATLAB 软件操作界面。新建一个 M 文件，输入以下程序：

```
n1 = 0.02725 * 98;d1 = [0.0102125,0, - 0.26705];
sys1 = tf(n1,d1);
[n2,d2] = cloop(n1,d1);
sys2 = tf(n2,d2);
ltiview
```

上述程序输完后，选择菜单命令"Debug"→"Save File and run"，就会弹出"LTI Viewer"图形界面。在"LTI Viewer"界面中，选择菜单命令"File"→"Import..."，弹出一个"Import System Data"窗口，窗口中右半部分显示两个系统 sys1 和 sys2，按住"Ctrl"键选择这两个系统，单击"OK"，界面中会显示系统 sys1 和 sys2 的阶跃响应曲线。

在 LTI Viewer 界面的空白处，单击鼠标右键，"Systems"中仅选择"sys1"系统，"Plot Types"菜单中选择"Bode"，此时界面中显示的曲线为添加增益后的直线一级倒立摆的伯德图,如图 7.4.3 所示。

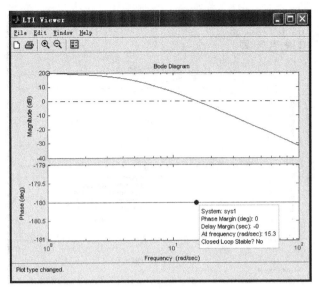

图 7.4.3　添加增益后的直线一级倒立摆的伯德图

由图 7.4.3 可以看出,闭环系统是不稳定的,系统的相角裕度 $\gamma=0°$,根据题目的设计要求 $\gamma''\geqslant50°$,因此最大超前相角 $\varphi_{\mathrm{m}}=\gamma''-\gamma+\Delta=58°$($\Delta=8°$,是相角补偿量)。

③ 根据 $a=\dfrac{1+\sin\varphi_{\mathrm{m}}}{1-\sin\varphi_{\mathrm{m}}}$,求得 $a=12.16$。

④ 在图 7.4.3 中的幅频特性曲线 $L_0(\omega)$ 上找到幅频值为 $-10\lg a=-10.85$ 的点,该点所对应的频率为超前校正网络的 $\omega_{\mathrm{m}}$,从图中读出 $\omega_{\mathrm{m}}=29.8\mathrm{rad/s}$。

⑤ 根据公式 $\omega_{\mathrm{m}}=\dfrac{1}{T\sqrt{a}}$,将"步骤③"和"步骤④"中求得的 $a=12.16$、$\omega_{\mathrm{m}}=29.8\mathrm{rad/s}$ 代入,即可求得 $T=0.0096$。

⑥ 超前校正控制器为

$$G_{\mathrm{c}}(s)=98\times\frac{1+0.1167s}{1+0.0096s} \tag{7.4.23}$$

$$G_0(s)G_{\mathrm{c}}(s)=\frac{1+0.1167s}{1+0.0096s}\cdot\frac{0.02725\times98}{0.0102125s^2-0.26705} \tag{7.4.24}$$

⑦ 绘制添加超前校正控制器后的直线一级倒立摆的伯德图,如图 7.4.4 所示。

在 MATLAB 软件操作界面中,另建一个 M 文件,输入以下程序:

```
n3 = 0.02725 * 98 * [0.1167,1];
d3 = conv([0.0102125,0 , − 0.26705],[0.0096,1]);
sys3 = tf(n3,d3);
[n4,d4] = cloop(n3,d3);
sys4 = tf(n4,d4);
ltiview
```

上述程序输完后,按照"步骤②"中同样的操作方法,可得添加超前校正控制器后的直线一级倒立摆的伯德图,如图 7.4.4 所示,阶跃响应曲线如图 7.4.5 所示。

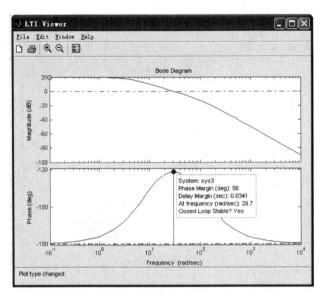

图 7.4.4　添加超前校正控制器后的直线一级倒立摆的伯德图

从图 7.4.4 可以看出,校正后系统的相角裕度 $\gamma''=58°$,满足题目中的设计要求 $\gamma''\geqslant 50°$,此外,根据式(7.4.22)可以看出,校正后静态位置误差系数 $K_p$ 满足题目要求 $K_p=10$,闭环系统是稳定的。

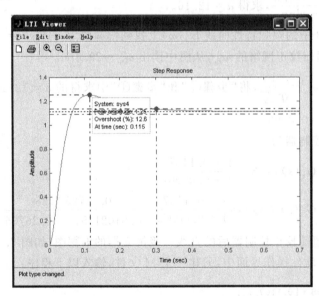

图 7.4.5　添加超前校正控制器后的直线一级倒立摆的阶跃响应曲线

从图 7.4.5 可以看出,添加超前校正控制器后的直线一级倒立摆阶跃响应曲线的超调量 $\sigma''\%=12.6\%$,调节时间 $t''_s=0.302$。

（2）利用根轨迹法对直线一级倒立摆系统设计控制器,使得校正后系统满足:超调量 $\sigma''\%\leqslant15\%$,调节时间 $t''_s=0.5s(\Delta=\pm2\%)$,该方法的具体设计过程请自行设计。

**5.　实验仪器与设备**

装有 MATLAB 软件的计算机　　　　　　　　　　　　1 台
直线一级倒立摆　　　　　　　　　　　　　　　　　1 台

**6.　预习要求**

（1）学会对直线一级倒立摆进行建模。

（2）掌握直线一级倒立摆的频率响应校正法的设计方法。

（3）学会利用根轨迹法校正对直线一级倒立摆进行校正，满足相应的性能指标要求。

（4）学会利用 PID 控制器对直线一级倒立摆进行校正，并调整 PID 控制参数，观察对系统性能的影响。

**7.　实验报告要求**

（1）实验目的。

（2）实验内容与要求。

（3）实验步骤。

（4）实验心得与体会。

# 第 8 章

# 实 验 平 台

## 8.1 硬件实验平台

### 8.1.1 实验箱主实验板

实验箱主实验板的面板图如图 8.1.1 所示。

根据功能不同,主实验板划分了不同的实验区,各实验区的功能及介绍详见 8.1.2 节。

### 8.1.2 实验区的介绍

#### 1. A 实验区

1) 模拟运算单元(A1～A7)

图 8.1.1 中,模拟运算单元 A1～A7 中 S1-S14 均为跨接座,当选中模拟运算单元中某一参数的电阻、电容作为输入回路或者反馈回路构成一个模拟电路时,在该元件的左边相对应的跨接座上插上白色的短接帽即可。

七个模拟运算单元的实现原理基本相同,只是运放各输入回路及反馈回路中电阻、电容的参数和连接方式各不相同。

各信号接入点及输出点均引出标准插孔供接线用。H1、H2 为模拟运算单元的输入插孔,IN 为运算放大器反相输入端插孔,OUT 为运算放大器的输出插孔。

模拟运算单元 A7 兼作校正网络库,在不同的跨接座上插上白色短接帽,即可构成比例环节、惯性环节、积分环节、比例积分环节、比例微分环节、比例积分微分环节,可以根据不同的需求构成各种校正环节。

2) 模拟运算扩充库(A8～A12)

模拟运算扩充库包括反相模拟运算单元(A8～A10)、运算放大器(A12)和 1 个 0～999.9kΩ 的直读式可变电阻、1 个电位器及多个电容(A11)。

#### 2. B 实验区

1) 信号源(B1)

信号源主要由单片机和运算放大器组成,信号源输出的类别及参数可以在实验上位机界面上设定。

B1 模块有 OUT1 和 OUT2 两个插孔,可以选择单信号源(矩形波、正弦波、阶跃波、方

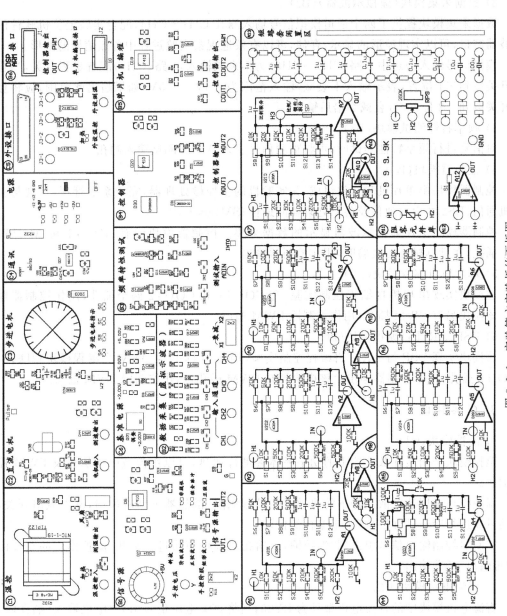

图 8.1.1　实验箱主实验板的面板图

波和斜波),也可以选择复式信号源(矩形波＋手控阶跃、矩形波＋正弦波＋手控阶跃、矩形波＋矩形波＋手控阶跃、正弦波＋微分脉冲、正弦波＋正弦波和阶跃＋非线性环节)。

非线性环节有继电特性、饱和特性、死区特性、间隙特性和延迟特性环节。

此外还有手控可调连续电压信号：$-5V \sim +5V$。

2) 数据采集模块(虚拟示波器)(B2)

数据采集模块提供了四个通道模拟信号输入测孔 CH1～CH4,配合实验上位机软件的示波器窗口,可以实现波形的显示、存储,可以有效地观察实验过程中各点信号的波形。

模拟信号输入通道中 3 路(CH1～CH3)为不衰减输入,1 路(CH4)配有量程开关,当量程开关拨到×1 位置,表示输入不衰减,输入范围为 $-5V \sim +5V$,如果超出此范围,应将量程开关拨到×2 位置,叫衰减 2 倍后输入。

3) 频率特性测试模块(B3)

对信号进行频率特性测试时,可将被测信号引入 ADIN 测试输入测孔。

4) 控制器模块(B4)

控制器模块由单片机和运放组成,为实验机的主控微处理器,完成系统管理,实现与上位机通信、RS232 串口通信及各微处理器间通信(SMBus-I²C)。

控制器模块实现虚拟示波器显示的数据采集。控制器模块中有 AOUT1 和 AOUT2 两个插孔,在计算机控制实验时,用作控制器输出。

5) 单片机自编程模块(B5)

该模块实现单片机自编程控制实验,有 COUT1 和 COUT2 两个插孔,用作控制器输出。该模块另有 PWM 插孔,用作控制器 PWM 输出。

6) DSP、ARM 自编程模块(B6)

该模块实现 DSP 与 ARM 自编程控制实验,用于和 DSP 与 ARM 自编程模块相联接,有 OUT 插孔,用作控制器输出。该模块另有 PWM 插孔,用作控制器 PWM 输出。

### 3. C 实验区

1) 温控模块(C1)

温控模块采用装在散热器下的功率晶体管进行加热,可以用模拟电压加热及 PWM 控制加热。

温控模块采用装在散热器下的热敏电阻进行测温,散热器下装有风扇,推上风扇开关,启动风扇进行冷却,同时也可用于温控的扰动。

控制器控制输出信号引入到"温控输入"插孔对温控模块进行加热,温控模块的测温由"测温输出"插孔输出。

2) 直流电机模块(C2)

直流电机模块中的直流电机型号为 BY25,当将直流电压信号引入"电机输入"插孔时,就能驱动直流电机转动,电机带动光栅盘产生脉冲,该脉冲经过 F/V 转换形成电压,在"测速输出"插孔输出。

脉冲经过 F/V 转换形成的电压值,可以通过该模块中的 W2 电位器来调整,在出厂时已调整好。

3）步进电机模块(C3)

步进电机模块中的步进电机型号为 35BY48,该步进电机可采用四相四拍或四相八拍驱动。步进电机的驱动连线在实验机中已与各控制器的 I/O 口固定联接,无须另外连线。

步进电机模块上有四个指示灯(SA、SB、SC、SD),同步显示各相驱动信号的状态。

4）通信及电源模块(C4)

该模块实现与上位机 RS 232 串口通信,其中通信芯片采用双列直插式,便于更换。

该模块还提供+12V、−12V、+5V、+3.3V(由+5V 产生)几种电源,K1 为电源开关。

5）外设接口模块(C5)

该模块用于与外部控制对象进行连接。

6）基准电压模块(C6)

该模块可提供+2.00V、+5.00V 和−5.00V 基准电压,其中+2.00V 基准电压可以通过该模块中的 RP1 电位器来调整,在出厂时已调整好。

## 8.2 软件实验环境——虚拟示波器

### 8.2.1 虚拟示波器的显示方式

为了满足自动控制原理中不同的实验要求,虚拟示波器提供了四种显示方式,分别为：

（1）示波器的时域显示方式。

（2）示波器的频域显示方式：闭环-幅频特性、闭环-相频特性、闭环-幅相特性、开环-幅频特性、开环-相频特性、开环-幅相特性。

（3）示波器的时域-相平面显示(X-Y)方式。

（4）示波器的计算机控制显示方式。

### 8.2.2 虚拟示波器的使用

#### 1. 示波器的时域显示

示波器的时域显示是指显示界面中 X 轴为时间 $t$,Y 轴为电压 $U$。图 8.2.1 为虚拟示波器的时域显示界面,可以实现波形的显示及存储,可以有效地观察实验过程中各点信号的波形。

1）虚拟示波器的显示通道

虚拟示波器的显示通道分上、下两部分,共显示 7 项内容,分别为：

上部分显示：CH0、CH1、CH2、CH6。

下部分显示：CH3、CH4、CH5。

CH1~CH4：数据采集模块的四个通道模拟信号输入,A/D 转换精度为 12 位,输入通道中 CH1~CH3 为不衰减输入,输入范围为−5V~+5V；CH4 配有输入量程开关,当量程开关拨到×1 位置,表示输入不衰减,如果输入电压超出范围,则应将量程开关拨到×2 位置,可衰减 2 倍后输入。

CH2、CH4：用于系统输出。

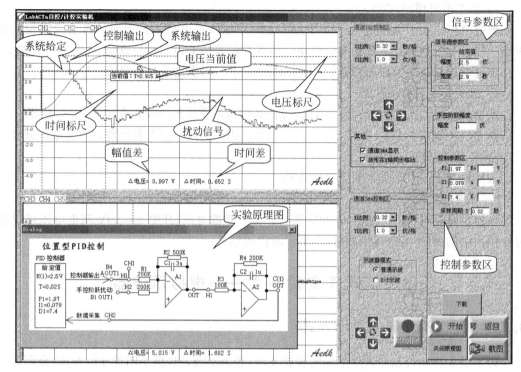

图 8.2.1　虚拟示波器的时域显示界面

CH3、CH4：可用作 X-Y 示波,其余不可以。

CH0、CH5：用于显示计控实验中的给定值,它不经过通道采样输入,直接读入上位机界面设置值。

CH6：用于手控阶跃信号显示,它不经过通道采样输入,直接读入上位机界面设置值。

2）虚拟示波器显示区的操作使用

（1）信号测量。

信号测量有标尺测量和鼠标单击测量两种方法。

① 标尺测量：在图 8.2.1 的虚拟示波器显示界面中,有两条横向滑杆标尺（虚线）,可用鼠标点住滑杆标尺上、下移动到显示界面中需标定的位置,此时界面下方将显示"△ 电压＝×.××××V",即为两个滑杆标尺的电压差值。

在图 8.2.1 的虚拟示波器显示界面中,有两条纵向滑杆标尺（虚线）,可用鼠标点住滑杆标尺左、右移动到显示界面中需标定的位置,此时界面下方将显示"△ 时间＝×.×××S",即为两个滑杆标尺的时间差值。

② 鼠标测量：在图 8.2.1 的虚拟示波器显示界面中,当鼠标在显示界面上点一下后,滑动到需要测量的点,此时鼠标跟随显示"当前值：Y＝×.×××V",即为当前鼠标所指点的电压值。

（2）信号移动。

在运行停止后,可单击图 8.2.1 的虚拟示波器显示界面中 ↑↓←→（上、下、左、右）移动按钮,和在其中间的恢复初始状态控制按钮 ,来获取显示所需的画面。

↑↓←→（上、下、左、右）移动按钮是对波形进行操作的。

（3）显示量程选择。

在图 8.2.1 的虚拟示波器显示界面中,有一个"X 比例"选项框,可选择 0.08、0.16、0.32、0.64、1.28、2.56、5.12、10.24、20.48、40.92 和 80.92 秒/格的不同显示比例,达到波形在 X 轴上的压缩与扩展。

在图 8.2.1 的虚拟示波器显示界面中,有一个"Y 比例"选项框,可选择 0.2、0.4、0.6、0.8、1 伏/格的不同显示比例,达到波形在 Y 轴上的压缩与扩展。

（4）示波器模式选项。

① "普通示波"选项:用于对虚拟示波器显示界面中下部分波形(通道 3&4 显示)的显示方式进行选择,选中该项表示显示时域波形。

② "X-Y 示波"选项:用于对虚拟示波器显示界面中下部分波形(通道 3&4 显示)的显示方式进行选择,选中该项表示选用相平面显示方式,这时可使用"XY 清除"键清除界面中下部分波形的显示。

（5）其他选项。

① "波形在 X 轴同步移动"选项:用于对虚拟示波器显示界面中上下两部分波形在 X 轴上移动的同步性进行选择,系统默认选择"波形在 X 轴同步移动"。

② "通道 3&4 显示"选项:系统默认选择"通道 3&4 显示"。

3）虚拟示波器控制区的操作使用

（1）信号源参数区和控制参数区。

信号源参数区:可以设置信号源的幅度和宽度,计算机控制实验中的给定值、斜波的斜率等。

控制参数区:在计算机控制实验时控制参数的设置,如比例系数、积分系数、微分系数和采样周期等参数。

手控阶跃幅度:可以设置手控阶跃信号的幅度值。当将实验箱上 B1 信号源区的"手控阶跃"开关 K2 合上,并在虚拟示波器界面中"手控阶跃幅度"区中设置具体幅度值,则在虚拟示波器 CH6 通道显示相应幅值的阶跃信号。

在信号源参数区和控制参数区都已填好默认的参数值,实验时可以直接使用这些参数或修改各参数,然后单击虚拟示波器界面中的"下载"键,计算机将各参数下载到实验机上。若在实验过程中想修改参数,需要停止实验,修改各参数,然后再次单击"下载"键,不能在线修改参数。

若打开某实验项目,在控制参数区中某框没有默认值,则表示该实验项目不支持该框的参数值。

（2）面板控制键。

"下载"键:在计算机实验主界面上选择实验项目后,虚拟示波器界面中将弹出该实验项目的响应曲线,并在界面上显示该实验项目的各参数的默认值(可以根据实验需要进行修改),参数确认后,单击"下载"键,计算机将设置好的各参数值下载到实验机上。只要修改任一项参数,都需重新进行下载。

"开始/停止"键:参数下载完成后,开放实验界面上的"开始"键,单击"开始"键后,实验运行,同时该键上显示变成"停止"。实验运行中若单击"停止"键,则实验停止,此时可观察实验波形。

"关闭/打开原理图"键:在计算机实验主界面上选择实验项目后,虚拟示波器界面中将显示该实验项目的原理图,若想关闭原理图,可以单击"关闭原理图"键,同时该键上显示变成"打开原理图",可以重复打开或关闭原理图。

"返回"键:单击"返回"键,则关闭虚拟示波器显示界面,返回到实验项目选择界面。

**注**:单击"返回"键之前,需要先停止实验。

"截图"键:单击"截图"键,则将虚拟示波器界面当时运行的内容,以 Bmp 格式存放到实验机软件\Bmp 文件夹中。

### 2. 示波器的频域显示

1) 频率特性扫描点设置界面

当选择系统的频域分析实验项目后,将弹出频率特性扫描点设置界面和范例的原理图,设置界面如图 8.2.2 所示,可在图 8.2.2 中根据实验需要填入各个扫描点的角频率 $\omega$ 值(分辨率为 0.01rad/s)。

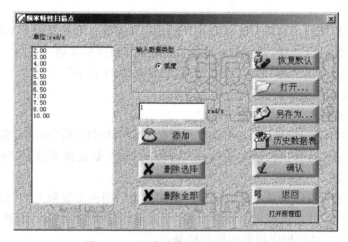

图 8.2.2 频率特性扫描点设置界面

频率特性扫描点设置界面中的控制键说明如下:

"恢复默认"键:恢复默认的扫描点设置值。

"打开…"键:打开保存在实验机软件中的频率点文件。

"另存为…"键:以 *.pt 格式存放到实验机软件中。

"历史数据表"键:打开保存在实验机软件\Log 文件夹中的历次测得的频率特性数据。

"添加"键:添加扫描点设置值。

"删除选择"键:对扫描点设置值中某点进行删除。

"删除全部"键:对扫描点设置值进行全部删除。

"确认"键:确认当前扫描点设置值,转入频率特性曲线实验界面。

"返回"键:返回到实验项目选择界面。

"关闭/打开原理图"键:对原理图进行关闭/打开。

2) 频率特性曲线界面

当单击频率特性扫描点设置界面中的"确认"键后,将确认当前扫描点的设置值,转到频率特性曲线界面,如图 8.2.3 所示。

单击频率特性曲线界面中的"开始"键,即可按图 8.2.2 频率特性扫描点设置界面中设置的角频率值,按序自动产生多种频率信号,绘制出频率特性曲线。

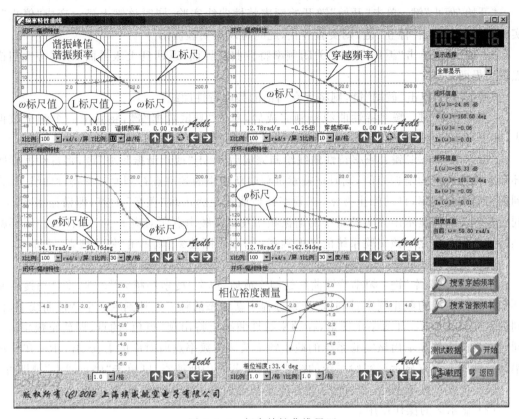

图 8.2.3　频率特性曲线界面

（1）控制区的操作使用。

① 显示选择。

频率特性曲线界面的右侧有一个显示选择选项框,选项框中有"全部显示""闭环幅频特性""闭环相频特性""闭环幅相特性""开环幅频特性""开环相频特性""开环幅相特性""闭环伯德图""开环伯德图"九种类型。实验过程中,为了便于观察,可以在实验停止或暂停后,从虚拟示波器界面右侧的显示选择选项框中,选择所需观察的曲线类型,则可在界面中将曲线移动或放大。

② 闭环信息和开环信息。

频率特性曲线界面的右侧有闭环信息和开环信息显示区,用于显示当前频率点的幅频特性、相频特性及幅相特性值。

频率特性曲线实验中,若角频率值不变,则闭环信息和开环信息保持原显示值。一旦增添新角频率点测试后,将在闭环信息和开环信息显示区显示该角频率点的幅频特性、相频特性及幅相特性值。

③ 进度信息。

频率特性曲线界面的右侧有进度信息显示区,用于显示当前正在测试的角频率点的进度及本次实验测试的全部进度。

④ 功能键。

频率特性曲线界面右侧的控制键说明如下：

"开始/停止"键：单击"开始"键开始频率特性曲线实验，同时该键上显示变成"停止"。实验运行中若单击"停止"键，则实验停止，此时可观察实验波形。

"返回"键：单击"返回"键，则关闭频率特性曲线界面，返回到上级界面（频率特性扫描点设置界面）。

"截图"键：单击"截图"键，则将保存当前的频率特性曲线。

"测试数据"键：频率特性曲线绘制完成后，单击"测试数据"键，将弹出一个测试数据表，表中显示的是本次实验测试的全部幅频特性、相频特性及幅相特性值。

"搜索谐振频率"键：频率特性曲线绘制完成后，单击"搜索谐振频率"键，将自动搜索闭环频率特性曲线的谐振峰值，同时把搜索过程中新增添的频率点补到原频率特性曲线上，直到搜索到谐振频率，自动停止搜索，在频率特性曲线上将出现"黄色"的点，即谐振频率 $\omega_r$，同时在界面右侧显示出该实验系统的谐振频率及该角频率点所对应 $L$、$\varphi$、$\mathrm{Im}$、$\mathrm{Re}$，在闭环幅频特性图左下方显示该实验系统的谐振频率；若要中断搜索，则单击"停止搜索"键即可。

**注**：搜索谐振频率时，需确保谐振峰值区域两侧各有已测的测试点。

"搜索穿越频率"键：频率特性曲线绘制完成后，单击"搜索穿越频率"键，将自动搜索开环频率特性曲线的截止频率，同时把搜索过程中新增添的频率点补到原频率特性曲线上，直到搜索到截止频率，自动停止搜索，在频率特性曲线上将出现"黄色"的点，即截止频率 $\omega_c$，同时在界面右侧显示出该实验系统的截止频率及该角频率点所对应的 $L$、$\varphi$、$\mathrm{Im}$、$\mathrm{Re}$，在开环幅频特性图左下方显示该实验系统的截止频率；若要中断搜索，则单击"停止搜索"键即可。

**注**：搜索穿越频率时，需确保穿越频率区域两侧各有已测的测试点。

（2）显示区的操作使用。

① 标尺。

频率特性曲线界面的频率特性曲线（幅频特性曲线、相频特性曲线）上可以用鼠标移动 $\omega$ 标尺、$L$ 标尺、$\varphi$ 标尺，移动标尺时会在界面上出现白色的参数框，参数框内显示对应的参数（$\omega$、$L$、$\varphi$），同时在对应频率特性曲线图左下方显示各标尺的坐标值。在开环幅相特性曲线上可以拖动相位裕度测量标尺测量系统的相位裕度 $\gamma$ 值。在幅频特性曲线界面上移动 $\omega$ 标尺时，相应的相频特性曲线界面上 $\omega$ 标尺将同步移动。

② 鼠标。

随着鼠标移动，在频率特性曲线界面上分别显示鼠标所在位置的开/闭环幅频特性、相频特性及幅相特性的坐标值；如果鼠标移动到频率特性曲线上已测试过的角频率点时，该点将变为绿色显示，同时显示该点的相应值。例如当鼠标在幅相特性曲线上移动时将显示鼠标所在位置的实部 $\mathrm{Re}$ 和虚部 $\mathrm{Im}$。

③ 增添新角频率点。

频率特性曲线绘制完成后，在闭环幅频特性曲线和闭环相频特性曲线中，移动鼠标到需增添的新角频率点处双击该点测试完后，在频率特性曲线上将出现"黄色"的点，同时在图 8.2.3 频率特性曲线界面的右侧会显示增添的角频率点的 $\omega$、$L$、$\varphi$、$\mathrm{Im}$、$\mathrm{Re}$。如果增添的角频率点足够多，则频率特性曲线将成为近似光滑的曲线。

**注**：用鼠标只能在幅频或相频特性曲线的界面上单击所需增加的角频率点。

④ 谐振频率 $\omega_r$ 和谐振峰值 $L(\omega_r)$ 的测量。

频率特性曲线界面的闭环幅频特性曲线中,移动 $L$ 标尺和 $\omega$ 标尺到曲线峰值处可读出谐振频率 $\omega_r$ 和谐振峰值 $L(\omega_r)$。在闭环相频特性曲线中,移动 $\varphi$ 标尺到 $\omega$ 标尺线与相频特性曲线相交处,可读出该角频率点的 $\varphi$ 值。

⑤ 相角裕度 $\gamma$ 的测量。

频率特性曲线界面的开环幅频特性曲线中,移动 $L$ 标尺和 $\omega$ 标尺到曲线 $L(\omega)=0$ 处可读出幅频的截止频率 $\omega_c$。

在开环相频特性曲线中,移动 $\varphi$ 标尺到 $\omega$ 标尺线与相频特性曲线相交处,可读出该角频率点的 $\varphi$ 值,计算出相角裕度 $\gamma$。该点测试成功后,在相频特性曲线上将出现"黄色"的点,同时在频率特性曲线界面右侧显示该系统的截止频率角频率点及该点所对应的 $L$、$\varphi$、Im、Re。

或在开环幅相特性曲线界面区域单击一下,则会出现相位裕度的标尺,然后移动该标尺到单位圆与开环幅相曲线的交点处,标尺与负实轴的夹角即为相角裕度 $\gamma$,同时在开环幅相特性图左下方显示相角裕度的具体值。

⑥ 谐振频率 $\omega_r$ 和谐振峰值 $L(\omega_r)$ 的自动搜索。

单击频率特性曲线界面右侧的"搜索谐振频率"键,将自动搜索并补充搜索过的点,直到搜索到谐振频率时自动停止搜索。在频率特性曲线上将出现"黄色"的点,即谐振频率 $\omega_r$,同时在界面右侧显示出该实验系统的谐振频率及该角频率点所对应的 $L$、$\varphi$、Im、Re,在闭环幅频特性图左下方显示该实验系统的谐振频率。

⑦ 截止频率 $\omega_c$ 的自动搜索。

单击频率特性曲线界面右侧的"搜索穿越频率"键,将自动搜索并补充搜索过的点,直到搜索到截止频率时自动停止搜索。在频率特性曲线上将出现"黄色"的点,即截止频率 $\omega_c$,同时在界面右侧显示出该实验系统的截止频率及该角频率点所对应的 $L$、$\varphi$、Im、Re,在开环幅频特性图左下方显示该实验系统的截止频率。

实验机规定在自动搜索截止频率 $\omega_c$ 时,当 $L$ 的绝对值小于 0.05dB 时,则认为该频率点就是截止频率 $\omega_c$,如果自动搜索前,频率特性曲线上已经存在了 $L$ 绝对值小于 0.05dB 的频率点时,则在开环幅频特性图左下方显示该实验系统的截止频率 $\omega_c$,并提示截止频率已存在,不再搜索。

如要求更高精度,可在该频率点的左右,再手工单击寻找截止频率。

⑧ 打开测试数据表。

在所设定的扫描角频率点测试全部结束后,可以单击图 8.2.3 频率特性曲线界面右侧的"测试数据"键,将弹出一个测试数据表,表中显示的是本次实验测试的全部幅频特性、相频特性及幅相特性值。

### 3. 示波器的时域-相平面显示

在进行非线性系统实验时,为了更好地了解非线性系统中时域及相平面图之间的关系,虚拟示波器采用时域及相平面图同时显示方式,虚拟示波器的非线性系统时域-相平面分析界面如图 8.2.4 所示,其界面分上、下两部分,上部分为时域显示(CH1、CH2),下部分为相平面图显示(CH3、CH4),并规定 CH3 为 X 轴,CH4 为 Y 轴。

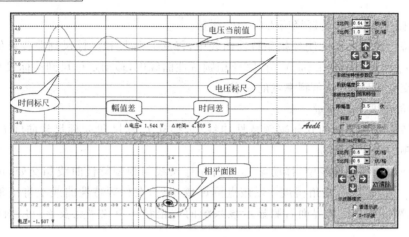

图 8.2.4　非线性系统时域-相平面分析界面

**1) 非线性特性参数区的操作使用**

非线性环节有继电特性、饱和特性、死区特性、间隙特性和延迟特性环节。在进行非线性系统实验时,选择的非线性环节不同,该参数区的具体参数也不同。继电特性参数:非线性类型、限幅值;饱和特性参数:非线性类型、限幅值、斜率;死区特性参数:非线性类型、死区宽度、斜率;间隙特性参数:非线性类型、间隙宽度、斜率。实验过程中可以根据实验要求设置相应的非线性环节的相关参数,设置完成后,单击界面右侧的"下载"键,计算机将各参数下载到实验机上。实验过程中想修改参数,需要停止实验,然后修改各参数,再次单击"下载"键,不能在线修改参数。

**2) CH1、CH2 显示区的操作使用**

CH1、CH2 显示区的操作使用与时域示波器的使用方法相同。

**3) CH3、CH4 显示区的操作使用**

图 8.2.4 所示的非线性系统时域-相平面分析界面右侧有示波器模式选择区,当选择"普通示波"时,CH3、CH4 显示区显示的是时域曲线;当选择"X-Y 示波"时,CH3、CH4 显示区显示的是相平面图,此时图中有一条纵向滑杆标尺(虚线),它将控制显示标尺到原点(中心)的电压值,可使用界面右侧的"XY 清除"键清除界面下部分波形显示。

**4. 示波器中的工具栏**

**1) 示波器 1 界面的使用**

示波器 1 界面如图 8.2.5 所示,提供矩形波和正弦波信号,B1 信号源区的 B1-OUT1 端口输出矩形波,B1-OUT2 端口输出正弦波。

图 8.2.5　示波器 1 界面

图 8.2.6　示波器 2 界面

2）示波器 2 界面的使用

示波器 2 界面如图 8.2.6 所示，提供斜波和正弦波信号，B1 信号源区的 B1-OUT1 端口输出斜波，B1-OUT2 端口输出正弦波。

3）验机程序界面的使用

验机程序界面如图 8.2.7 所示，按照图 8.2.7 进行接线和短接帽的放置，观察相应实验的实验曲线，对实验机进行测试，并对信号源、A1～A10 及控制器进行测试。

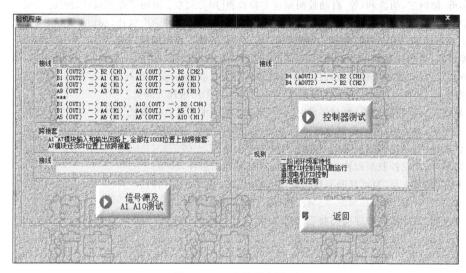

图 8.2.7　验机程序界面

# 参 考 文 献

[1] 李秋红,叶志锋,徐爱民.自动控制原理实验指导[M].北京:国防工业出版社,2007.

[2] 熊晓君.自动控制原理实验教程(硬件模拟与 MATLAB 仿真)[M].北京:机械工业出版社,2009.

[3] 杨平,余洁,徐春梅,等.自动控制原理:实验与实践篇[M].北京:中国电力出版社,2011.

[4] 郑勇,徐继宁,胡敦利,等.自动控制原理实验教程[M].北京:国防工业出版社,2010.

[5] 景洲,张爱民.自动控制原理实验指导[M].西安:西安交通大学出版社,2013.

[6] 汪宁.MATLAB 与控制理论实验教程[M].北京:机械工业出版社,2011.

[7] 姜增如.自动控制理论实验[M].北京:北京理工大学出版社,2010.

[8] 黄忠霖.自动控制原理的 MATLAB 实现[M].北京:国防工业出版社,2007.

[9] 梅晓榕.名师大课堂:自动控制原理[M].北京:科学出版社,2006.

[10] 胡皓.《自动控制原理》教与学导引[M].北京:中国水利水电出版社,2011.

[11] 刘文定,谢克明.自动控制原理[M].3 版.北京:电子工业出版社,2013.

[12] 任彦硕.自动控制原理[M].北京:机械工业出版社,2007.

[13] 陈丽兰.自动控制原理教程[M].北京:电子工业出版社,2006.

[14] 刘湘涛,黄大足.自动控制原理与应用[M].北京:电子工业出版社,2007.

[15] 潘丰,张开如.自动控制原理[M].北京:中国林业出版社,2006.

[16] 胡寿松.自动控制原理简明教程[M].2 版.北京:科学出版社,2008.